La reconquête du Sujet

Le personnalisme d'Henri Ey

Epistémologie et Philosophie des Sciences

Collection fondée par Angèle Kremer-Marietti
et dirigée par Lucien-Samir Oulahbib

La collection *Épistémologie et Philosophie des Sciences* réunit des ouvrages multiformes (résumés subséquents de thèses, essais, résultats de recherche) se donnant pour tâche de clarifier concepts et théories en précisant la signification et l'histoire des termes utilisés dans le cadre de connaissances spécifiques, tels que « force », « vitesse », « accélération », « particule », « onde », et aussi « puissance » « guerre », « stratégies », « société », « idéologies », « domination », « pouvoir », « inégalités », « liberté », « imaginaire », « formes symboliques », « sentiment", « affect », « conscience commune », etc.

Dernières parutions

Jean MOLINO, *Ce que nous appelons littérature..., Pour une théorie de l'oeuvre de langage,* 2018.
Bernard MAYER, *La psychothérapie non verbale des traumas. Un autre chemin pour guérir du psychotraumatisme*, 2017.
Dylan RIEUTORD, *Les robots terrestres parmi les hommes. Une analyse comparative d'un système d'arme en gestation entre les Etats-Unis, la Chine, la France, Israël et la Russie*, 2017.
Jean-Louis CHERLONNEIX, *Le Secret d'Amour, Opération athéologique dans l'esprit de Georges Bataille*, 2014.
Lucien-Samir OULAHBIB, *Intérêt général et Bien commun. Théorie rénovée de l'Action publique*, 2014.
Gilles GROS, *Histoire des liaisons épistémologiques entre l'art dentaire et la chimie.* De *l'Antiquité à la fin du 20e siècle*, 2013.
Lucien-Samir OULAHBIB, *Disparition du « crime » dans la sociologie contemporaine. Le crime comme injustice ou effet de système ?*, 2012.
Edmundo MORIM DE CARVALHO, *Paradoxe de Dieu et de la finitude. Volumes I et II*, 2012.
Lucien-Samir OULAHBIB, *Le politiquement correct français. Epistémologie d'une crypto-religion,* 2012.
Saïd CHEBILI, *Malaise dans la psychiatrie*, 2012.

Philippe PRATS

La reconquête du Sujet

Le personnalisme d'Henri Ey

L'Harmattan

5-7, rue de l'École-Polytechnique, 75005 Paris
http://www.editions-harmattan.fr
ISBN : 978-2-343-16395-6
EAN : 9782343163956

Avant-propos

Le XXe siècle est le siècle de la remise en question du *sujet*. Pourquoi l'homme serait-il hors du monde ? N'est-il pas déterminé par les lois de la nature ? Spinoza n'avait-il pas raison contre Descartes quand il affirmait que le Sujet est une illusion ? Dès le début du siècle, la philosophie nietzschéenne, les sciences de l'homme, l'histoire[1], l'anthropologie, le structuralisme, la linguistique, la sociologie, la psychologie freudienne font de l'idée de *sujet* un épiphénomène. L'individu disparaît, il devient une *volonté tendue vers la puissance*, un être de *langage*, un être *social*, un être de *pulsion*, ou un *être neuronal*. Contre l'idéalisme métaphysique, l'homme se définit à la manière aristotélicienne comme un animal possédant une qualité qui lui donne sa particularité (volonté, langage) mais il reste fondamentalement un animal. Le *Sujet* n'est plus chez lui en son moi, il n'a pas de réel pouvoir, il est une illusion. Il se croit sujet de ses actions sans savoir pour quelle fin il agit. Michel Foucault résume cette position en écrivant que « *l'homme est une notion obsolète* »[2]. Cette obsolescence

---

[1] Marx est le penseur emblématique de cette position. L'homme est à venir, il est le produit de la réalité économique.

[2] Michel Foucault dans son ouvrage *Les mots et les choses* (éd. Gallimard, collection TEL, Paris, 2005, p. 398) précise « *Au milieu de tous les épisodes de cette profonde histoire du "Même" – un seul, celui qui a commencé il y a un siècle et demi et qui peut-être est en train de se clore, a laissé apparaître la figure de l'homme... L'homme est une invention* ». Henri Ey rejoint cette idée, mais pour lui, si l'idée d'homme est une invention, c'est parce que, comme toute idée, elle est purement abstraite et ne correspond à aucun processus de vie. L'homme est une idée, seules les individualités existent, il est toujours singulier et c'est cette singularité dont aujourd'hui il faut trouver le système, non pas par la voie de l'anthropologie que Foucault a choisie mais par la voie de l'ontologie. Ceci explique les violentes controverses entre

emporte avec elle la notion de *Sujet* et son corollaire, l'individu.
Serions-nous dans un changement de paradigme ? Le paradigme classique de l'homme Sujet et Maître de lui-même serait-il remplacé par la figure sociale[3] de l'homme ? Peut-on en terminer avec le sujet et l'ontologie ? L'ontologie se réduit-elle à la métaphysique ? Faut-il choisir l'anthropologie et affirmer que l'homme n'est qu'un être de pulsion, un être social, le produit de son environnement ? Certes, ce plan de l'être est incontestable, il existe des déterminations qu'on ne peut pas remettre en cause. L'homme est bien déterminé. Toutefois, est-il déterminé ou se détermine-t-il lui-même ? Le nouveau paradigme refuse l'individu car il ne veut pas prendre en considération l'idée que l'homme pourrait être sujet de lui-même pour ne pas faire de métaphysique. Mais l'idée de Sujet dépend-elle des théories ? Comment le sens, la qualité entreraient-ils dans le monde qui en est dépourvu si le Sujet ne les y mettait ?
On peut changer de paradigme, sans pour autant rejeter tous les apports précédents. C'est, initiée par Descartes et amplifiée par la phénoménologie et les philosophies de l'existence, que l'ontologie est revenue au cœur du débat contre l'anthropologie, c'est l'autre versant du XXe siècle.

Foucault et Ey, notamment au moment de la publication de *L'histoire de la folie à l'âge classique*.

[3] Les sciences de l'homme comme la sociologie, l'anthropologie, la linguistique ont mis en suspicion l'idée que l'homme pouvait être le Sujet de lui-même. Cette perspective est aussi soutenue par de nombreux philosophes dont Deleuze est le porte-parole. Son ouvrage, *L'anti Œdipe*, est emblématique de la déconstruction de l'homme. Michel Foucault démontre dans son ouvrage *Histoire de la folie à l'âge classique* que la maladie mentale est une affaire politique, qu'elle se définit selon les catégories politiques. G. Deleuze définit l'homme comme une *machine désirante*. On veut sortir les fous des asiles selon le slogan « *Nous sommes tous fous* » !

Husserl, contemporain de Nietzsche, refuse de faire de l'homme une idée obsolète. L'homme crée son propre milieu *intentionnel* et finalisé. Le milieu humain est un milieu de sens. L'homme n'est pas un *animal rationnel, pulsionnel, social*, il est un plan de la réalité différenciée avec ses propres lois, sa propre organisation, sa propre finalité. L'homme n'est pas un animal possédant une certaine qualité, il est un univers à lui seul[4]. Pour la phénoménologie, il faut en terminer avec cette idée qu'il n'existe qu'un monde sur lequel viendraient se greffer des différences qui ne seraient que des accidents. Le monde est multiple et hétérogène, il n'est pas un ensemble homogène comme celui de la science physique. Sartre aura une formule heureuse en écrivant que l'homme se détermine lui-même.

Ces philosophies qui revalorisent le Sujet font écho aux recherches scientifiques contemporaines pour lesquelles l'univers est constitué d'une infinité de plans. Aujourd'hui, l'unité n'est plus homogène, elle est hétérogène, chaque plan est relatif. Dès lors, la nouvelle tâche des sciences de l'homme, en philosophie comme en psychologie, est de mettre à jour les lois du milieu spécifique humain.

La psychologie et plus particulièrement la psychologie eyienne est emblématique de ces questionnements. L'œuvre d'Henri Ey[5] résume toutes ces tensions. Son étude sur les maladies mentales balaie tout le champ des recherches sur l'homme : la question du Sujet et de l'individuation, la

[4] Le philosophe F. Wolff reprend cette même idée dans son livre *Les trois utopies contemporaines*, Éd. Fayard, 2017. Il y montre que la définition de l'homme est devenue problématique face à sa réduction à l'animalité ou à la négation de son animalité, le transhumanisme.

[5] Henri Ey, psychiatre français (1900-1977) est considéré comme le psychiatre du XXe siècle. Il a initié une nouvelle méthode d'approche de la maladie mentale et renversé tous les présupposés qui encombraient la psychologie et l'empêchaient de progresser.

question de la méthodologie des sciences humaines, la question des problèmes épistémologiques. La psychiatrie est au croisement de toutes les sciences humaines. Henri Ey est dans la droite lignée de la phénoménologie husserlienne même si lui-même n'est pas, à proprement parler, un phénoménologue. Tout comme Husserl l'avait fait avec la philosophie, il veut constituer la psychiatrie comme une science.

L'œuvre eyienne est, encore, trop méconnue alors qu'elle met en scène toutes les problématiques du savoir, qu'elle met à jour tous les présupposés qui engluent la connaissance de l'homme et qu'elle propose l'ossature d'une nouvelle science de l'homme. C'est la raison de cette étude : faire connaître une œuvre majeure du XXe siècle en l'étudiant sous l'aspect de sa réflexion sur la conscience, expression actuelle du sujet dans le monde. L'homme est conscience, il n'est pas seulement corps, il n'est pas non plus pur esprit, il est *corps psychique*. Pour aborder cette œuvre immense, nous nous référerons essentiellement à son ouvrage central *La conscience*[6]. Elle sera l'axe à partir duquel toutes les problématiques du XXe siècle seront mises en perspective.

---

[6] Œuvre majeure d'Henri Ey, publiée pour la première fois en 1963.

Le cadre général de l'étude

« *Il s'agit, en effet, dans ce livre, non point de la "conscience", substantif impliquant une sorte de chosification mythique ou fétichiste, mais du mouvement même de l'être psychique qui, en étant et devenant conscient, prend possession de lui-même en disposant du modèle personnel de son monde* »[7].

La définition de la conscience est la clé de voûte de toutes les réflexions sur l'homme car l'homme ne vit pas dans le monde, il vit dans le monde au travers de la conscience. Sans elle, l'homme ne pourrait pas prétendre être le *sujet* de son monde, il ne serait qu'*au monde*. Si la conscience n'était rien de plus qu'un *état de la nature*, l'homme ne serait qu'un phénomène parmi les phénomènes et pourrait s'expliquer selon les lois de la nature. La science de l'homme impose qu'on puisse rendre compte de cette spécificité du monde de la conscience. Interroger la signification de la conscience, c'est se demander comment l'esprit et la matière collaborent sans jamais se dissoudre l'un dans l'autre. Quand Henri Ey entreprend sa réflexion sur la conscience, il commence par un constat amer, la situation de la psychiatrie et de la philosophie n'est pas en mesure de relever le défi des liens entre la maladie mentale et la déstructuration de la conscience. Les méthodes d'étude des phénomènes de conscience sont empêtrées dans des approches logiques et des principes d'analyses qui s'appuient sur des représentations de l'homme qui font une trop grande place aux préjugés[8]. On explique l'homme à

---

[7] H. Ey, *La Conscience*, 2nde éd., Desclée de Brouwer, 1983, préface 2nde édition, p. IX. Ce livre écrit en 1963 est l'aboutissement d'une recherche qui avait commencé par une réflexion sur le sens de la maladie mentale. Elle est devenue une réflexion sur la conscience dans la mesure où la maladie mentale et la déstructuration de la conscience vont de conserve.

[8] Rappelons les difficultés que la psychiatrie a rencontrées pour faire accepter la notion de « maladie ». Le combat de Pinel, libérant les

partir des représentations qu'on s'en fait. L'homme est une idée figée alors que dans la réalité, il est un processus en devenir. Cette attitude intellectuelle abstrait l'homme en devenir de son milieu. Cette abstraction résulte d'une approche théorique qui s'appuie sur la logique aristotélicienne de la non-contradiction qui discrimine là où elle devrait relier. C'est ainsi que la conscience s'oppose à la non-conscience, à l'inconscient, au biologique, etc. À partir d'une telle logique discriminatoire, comment rendre compte de la vie de la conscience ? Henri Ey condamne une telle approche de la *conscience* fondée sur la distinction et non la relation. Nos discours de vérités sont imprégnés de notre penchant naturel à penser selon l'exclusion. Nous croyons encore que l'ordre de nos raisons est l'ordre de la nature ! Tout ceci n'est qu'une pure illusion contre laquelle on doit lutter. Les théories scientifiques ne sont pas des discours métaphysiques dont la vocation serait de construire une image idéale de l'homme. Il est temps que les sciences de l'homme amorcent leur *révolution copernicienne.* C'est pourquoi il convient de reprendre l'analyse de la conscience à partir des présupposés et de la logique qui la constituent, bref, de repenser le système logique général dans lequel les énoncés s'insèrent.

« aliénés » de leurs chaînes pour les faire admettre comme malades est emblématique de cette difficulté. Dire qu'ils étaient malades faisait d'eux des hommes ; or, l'homme par définition ne peut pas avoir une autre définition que la sienne. Il ne peut pas être à la fois « homme » et « autre homme ». Que faire de la catégorie d'« aliénés » ? Henri Ey s'inscrit dans le courant psychiatrie qui a commencé à mettre en place l'idée de *dissolution, comme le contraire des processus du vivant.* Les théories philosophiques de Jouffroy, « *les facultés de l'âme* », 1928, ont permis de repenser le cadre mental des recherches en psychiatrie. Elles ont influencé les psychiatres français, en particulier Esquirol, Leuret, Moreau de Tours et Baillaguer, sans oublier Hughlings Jackson. Tous ces courants et ces réflexions sont à l'origine de la théorie totalement nouvelle du « *corps psychique* » eyien.

Henri Ey montre que l'étude de la conscience fait usage d'énoncés disjonctifs : l'âme et le corps, l'identité et la personne, l'esprit et le corps, etc. Ces énoncés s'excluent mutuellement et ne peuvent pas rendre compte des processus synergiques de l'homme. La catégorie de la *relation*[9] est la seule qui pourrait satisfaire à cette exigence. Pourtant, son usage reste anecdotique. On doit comprendre qu'il faut rompre avec le mode d'approche aristotélicien du principe de non-contradiction de la vérité afin que s'éclaire le phénomène de conscience[10]. L'approche eyienne prolonge pour les sciences de l'homme ce que Bachelard avait mis en place pour les sciences physiques : la notion d'obstacle épistémologique.

---

[9] Ces remarques renvoient à l'analyse kantienne des catégories et plus particulièrement à la partie de l'*analytique des concepts* dans sa partie de *la fonction logique de l'entendement.* Kant met en évidence l'importance de la catégorie de la relation qui permet aux jugements disjonctifs d'avoir une résolution. C'est pourquoi Kant est un auteur souvent cité par Henri Ey.

[10] Le principe de non-contradiction est « *le plus inébranlable de tous les principes* », comme le précise Aristote (in *Métaphysique*, livre II). Il le définit ainsi : « *Il est impossible qu'une seule et même chose soit, et tout à la fois ne soit pas, à une même chose, sous le même rapport* ». Il précise que si ce principe était faux, alors « *Tout serait confondu avec tout* ». C'est un principe absolu, indémontrable en tant que principe mais condition de tout le savoir avec son second principe, celui du tiers-exclu.

Toutefois, un tel principe ne peut pas être pris en considération en psychologie. Prenons l'exemple proposé par Winnicott : le fait d'être seul. Cela n'a aucun sens en psychologie. Il n'est pas possible d'être seul car l'existence de notre personne est liée à autrui et à sa présence et pour ce qui est de l'intimité, préciserait Henri Ey, nous sommes toujours avec notre inconscient et autrui. C'est pourquoi toute l'œuvre d'Henri Ey cherche à montrer les impasses d'une pensée psychologique ou philosophique qui voudrait traiter de la Personne et faire usage de ces principes logiques. C'est la critique du « monisme » et du « dualisme » qui occupe une place importante dans son œuvre.

« *Quand on cherche les conditions psychologiques des progrès de la science, on arrive bientôt à cette conviction que c'est en termes d'obstacles qu'il faut poser le problème de la connaissance scientifique [...] c'est dans l'acte même de connaître, intimement, qu'apparaissent par une sorte de nécessité fonctionnelle des lenteurs et des troubles* »[11].

L'analyse eyienne se construit autour de deux axes : une étude critique des méthodes d'approche du phénomène de conscience et une proposition pour construire l'ossature de la nouvelle science de l'homme. La méthode est l'*organo-dynamisme*, l'ossature de la nouvelle science est la théorie du *corps psychique*.

L'impossible réduction de l'homme : ni monisme ni dualisme

Pour bien comprendre les impasses dans lesquelles se trouvent les sciences de l'homme et la psychiatrie, il faut remonter à l'interrogation cartésienne de la spécificité de la 3e substance. Descartes a mis en évidence que l'union de l'âme et du corps produisait une relation au monde qui n'est pas cognitive mais qualitative ; la manière d'exister est de l'ordre de la qualité. Le corps, union de l'âme et de la matière, n'est pas objectivable comme n'importe quel objet de la nature, nous lui sommes étroitement liés. La relation au corps n'est pas la relation d'un sujet à un objet, relation purement d'extériorité. Nous ne pouvons pas nous séparer de *notre* corps. C'est pourquoi « *après avoir distingué trois genres d'idées ou de notions primitives qui se connaissent chacune d'une façon particulière et non par la comparaison de l'une et de l'autre, à savoir, la notion que*

[11] G. Bachelard, *La formation de l'esprit scientifique*, édition Vrin, 1972, p. 13.

nous avons de l'âme, celle du corps et celle de l'union qui est entre l'âme et le corps »[12] aucune analyse scientifique ne peut rendre compte de cette relation non objectivable. Les études scientifiques de type quantitatives ne peuvent pas fonctionner, il faut trouver une science de la qualité. Descartes est le premier penseur philosophique à comprendre cette distinction. Il propose d'analyser l'union intime et il sait que pour cela, il lui faut inventer une nouvelle science puisque le corps ne peut pas devenir un objet de recherche comme les autres. La propriété interne de l'union est de donner du *sens*. Le monde de l'intime s'analyse selon le *sens*. Le rapport à soi, aux autres et au monde est subjectif car c'est un rapport de qualité qui hiérarchise les données physiques et mentales et produit le *sens*[13]. On peut dire que *le traité des passions de l'âme* est, à cet égard, le premier traité de psychologie moderne, celui de la psychologie rationnelle qui sera la référence implicite de toutes les études psychologiques de la *conscience*.

La 3e substance introduit la nécessité d'une science du *sens*, des sentiments, des émotions. Le nouveau problème est de construire les outils adaptés à une science du qualitatif, une nouvelle méthodologie. Comment construire un savoir scientifique dont l'objet reste par définition confus et irrationnel ?

---

[12] Descartes, *Lettre à Élisabeth*, 28/06/1643.

[13] Le traité des *Passions de l'âme*, paru en 1649, est le dernier texte publié du vivant de Descartes. Il propose de penser les troubles mentaux, les *passions*, en identifiant les mécanismes par lesquels l'esprit est empêché d'agir sur le corps. On peut considérer ce texte comme le premier traité de psychologie moderne car il insiste sur la valeur du bon usage des passions, équilibre entre l'information donnée par le corps (la passion) et son traitement par l'esprit pour lui donner du sens.

Descartes, en découvrant la puissance du « *je pense* » pour élaborer la science physique, la science de la « *res extensa* » découvre aussi sa limite quand il s'agit de rendre compte du vécu. L'esprit peut constituer le monde objectif en le subsumant sous les idées innées qui sont invariables car données par Dieu[14], ce qui rend possible un véritable savoir positif mais quand il s'agit de traiter du monde intime qui est la marque de notre rapport au corps selon les émotions, les sentiments il n'y a plus d'invariant et le *tiers exclu* devient *inclus* et l'espoir d'une science objective s'évanouit. Ainsi le cadre de la science psychologique est posé. Comment constituer une science dont les références sont variables et singulières ? Descartes propose non pas d'étudier les émotions et les sentiments, notre monde intime, mais le sens de ce rapport intime au monde. C'est l'objet du *traité des passions*.

« *Pour commencer, je considère que tout ce qui se fait ou qui arrive de nouveau est généralement appelé par les philosophes une passion au regard du sujet auquel il arrive, et une action au regard de celui qui fait qu'il arrive. En sorte que, bien que l'agent et le patient soient souvent fort différents, l'action et la passion ne laissent pas d'être toujours une même chose qui a ces deux noms, à raison des deux divers sujets auxquels on la peut rapporter* »[15].

Descartes comprend que le phénomène « *émotion* » ne peut pas être étudié selon l'ordre des raisons dans la mesure où le principe de causalité ne peut pas s'appliquer. Les passions, c'est ainsi qu'il appelle le monde de la sensibilité,

---

[14] Les idées sont les unités de mesure du monde, elles fonctionnent comme le *tiers exclu*, elles ne sont pas en l'homme mais en Dieu, c'est pourquoi elles garantissent le savoir à condition que l'étude se fasse selon l'ordre des raisons.

[15] Descartes, *Traité des passions*, art. 1.

doivent s'expliquer selon un autre principe, les sentiments ne sont pas des réactions mais des volontés. *Mon corps*[16] est un peu comme une interface entre le monde et l'âme. On comprend pourquoi dans ce combat entre ce que le corps éprouve et ce que la volonté impose émerge le problème du *sens*. Donner sens à sa vie, c'est non pas rejeter les affects ou la volonté mais c'est faire aller de conserve ces deux plans. C'est tout l'objet de la nouvelle science qui introduit une finalité interne exprimée dans l'idée de *« mon corps »*. Cette nouvelle science c'est la science du vécu, plus exactement la science de l'organisation même des différents plans qui produisent le vécu de l'homme qui n'est pas constitué mais constituant. Vivre c'est donner du sens, un ordre, une hiérarchie et une finalité. L'homme ne devient homme que dans la mesure où il accède à la liberté de son vécu qui est d'ordonner les plans du corps physique et de l'âme sous le dénominateur commun de la raison.

[16] Dans la littérature philosophique, c'est la première fois qu'on parle du corps à la première personne. C'est dire le changement de paradigme qui s'opère avec le cartésianisme. Martial Gueroult dans son ouvrage *Descartes selon l'ordre des raisons* (éd. Aubier/Philosophie, Paris, 1975) analyse précisément ce moment essentiel dans la philosophie. La découverte de l'Union de l'âme et du corps oblige à penser la spécificité de cette union. Il s'agit, après cette découverte, de penser la vérité du vécu. Descartes est véritablement à l'origine de la pensée contemporaine. M. Gueroult précise (p. 365 du même ouvrage) : « *Ainsi Descartes, comme l'ont proclamé Fichte, Hegel et Husserl, apparaît bien comme la source première du courant de la philosophie transcendantale ; ce qui ne l'empêche d'ailleurs pas d'avoir inspiré les grands cartésiens, d'être au principe de la philosophie réflexive et analytique française qui, à travers Malebranche, Condillac, les Idéologues, aboutit à Maine de Biran ; comme il est au principe des lumières anglaises et françaises, de l'encyclopédisme, du positivisme, de la philosophie de l'esprit scientifique, sous ses formes variées, depuis Fontenelle jusqu'à Léon Brunschvicg, en passant par Condorcet, Comte et Cournot.* »

Descartes est au sens fort l'inventeur du « *Je* ». Ce n'est pas un paradoxe mais simplement la conséquence de l'idée de la 3e substance qui pose non pas en droit mais en fait l'existence du « *Je* », condition nécessaire de toute science psychologique. Le « *Je* » est la condition d'existence du corps personnel. Ce corps est le lieu d'action de la volonté, trace du « *je* » dans le monde. Le « *je pense* » n'a d'existence que dans son incarnation qui lui donne un sens singulier. Descartes interroge le sens du corps et en même temps le sens de la singularité. Le « *je pense* » est le moment où s'originent les fondements de la psychologie, de la connaissance du vécu singulier. C'est parce que l'homme pense qu'il pense son corps. Mais penser son corps n'a rien de commun avec le fait de penser les corps du monde.

Avec le cartésianisme s'introduit l'idée que l'homme est par ses facultés en capacité d'ordonner le monde, d'en faire son monde, corrélativement l'homme découvre l'existence, son rapport intime au monde au travers du corps. Une double subjectivité se met en place : une subjectivité transcendantale qui fait que l'homme est *« comme maître et possesseur de son monde* » et une subjectivité singulière qui introduit de la qualité dans ses rapports au monde. Descartes inaugure la question de la singularité et sa forme individuelle. Exister n'est-ce pas devenir un existant singulier ? L'existence singulière ne se caractérise-t-elle pas par le sens propre d'une vie ? L'union est le moment du renversement de la pensée. Double problème : comment l'homme peut-il se constituer comme la condition de son monde et comment l'homme peut-il se constituer comme existant ?

Descartes introduit la question de la subjectivité. Il introduit la question de la conscience sans jamais employer ce concept. Il introduit surtout l'idée que le monde humain est orienté et hiérarchisé. En contrepartie, le monde physique est le monde de la mécanique, il n'a aucune finalité et les relations sont simplement des relations *partes extra partes* ; le monde humain invente des relations de qualité, d'échange. Toutefois, il existe une portion de la matière (le corps) qui est aussi soumise à la loi de l'âme qui lui insuffle une finalité. Cette finalité ne transforme en rien le monde physique mais oblige l'âme à avoir le souci de la matière dans laquelle elle habite. La matière est subordonnée à l'exigence de l'âme.

Nous sommes à l'origine d'une question qui traversera toute la pensée moderne et fondera la pensée contemporaine, la question du corps. Le corps surgit dans le panorama philosophique avec l'introduction de la notion de 3e substance. Descartes insiste sur le fait qu'il s'agit bien d'une substance, c'est-à-dire que cette union possède ses propres lois, un « objet » qui peut se penser par lui-même. Le corps devient chair, il n'est plus seulement ce qui brouillait la vision de l'âme et créait la distance entre elle et elle-même, le corps est le lieu d'exercice de l'âme qui doit faire coexister deux lois, celle de la matière et celle de l'esprit qui sont incommensurables. Descartes ne parvient pas à penser cette union, il la nomme « miraculeuse » et inexplicable. Toutefois, même s'il n'est pas parvenu à résoudre l'énigme, il a ouvert une réflexion qui trouvera sa plénitude dans la philosophie contemporaine et plus précisément dans celle de Merleau-Ponty. Le corps devient un objet de réflexion, il n'est plus un simple morceau d'espace. Le corps se vit, il reçoit, il s'éprouve, il limite mais aussi il ouvre. C'est par le corps que la communication s'effectue, c'est aussi par le corps que nous sommes en lien avec le monde, l'univers, nous-mêmes et les autres. Le corps est le lieu de diffraction où le « on » s'ouvre en « je » et le « je » en « on ». Mais l'union du corps et de l'âme oblige à penser et à introduire une autre notion très problématique : la notion de conscience. Ne serait-ce pas dans le processus de *conscience* que la commensurabilité des plans deviendrait effective ?

De fait, Descartes initie une nouvelle orientation dans la recherche au travers de cette constatation toute simple : l'homme n'est pas confronté directement au monde, il l'est au travers de « son corps ». La singularité cherche sa place dans l'ordre des pensées. Le monde de l'homme devient le lieu du conflit entre le « je » et le « on », entre l'homme et l'individu. Cela, comme le rappellera Husserl[17] dans sa conférence inaugurale à Paris à la Sorbonne pour présenter la phénoménologie, permet d'interroger le fondement de l'être comme *étant* se dévoilant dans son rapport au monde et construisant son monde en même temps qu'il se construit dans cette construction. C'est dans ce rapport entre l'être substance pensante et l'être physique que se dessine la possibilité de l'attitude réflexive.

---

[17] Husserl, *Méditations cartésiennes*. Les *méditations cartésiennes* sont la retranscription des quatre conférences d'Edmund Husserl à la Sorbonne, prononcées les 23 et 25 février 1929. Le sous-titre est « *Introduction à la phénoménologie* ». Il existe deux versions de ce texte, l'une en français traduite par Emmanuel Lévinas et Gabrielle Peiffer, publiée en 1931, l'autre est la version allemande qu'on trouve dans le volume 1 des *Husserlania*, établie par S. Strasser, publiée en 1950. La version française a été éditée aux éditions Armand Colin, puis reprise par les éditions Vrin en 1947.

Repenser la méthode de l'ordre des raisons pour sortir de l'impasse cartésienne

L'impasse de la logique de la non-contradiction

Descartes ouvre la pensée vers un nouvel objet de recherche : l'homme. Toutefois, comme le montre la thèse eyienne, l'outil logique dont il a fait usage (la logique binaire et la logique de la non-contradiction), reprise par ses successeurs n'a mené qu'à l'impasse du dualisme et du monisme. Si le *corps* n'est pas un objet comme les autres, son analyse requiert des outils adaptés.

Le sujet cartésien reste un sujet transcendant, une substance qui s'oppose à une autre substance, la matière n'est pas l'esprit. Ce dualisme est le résultat de la logique de la non-contradiction. C'est ce qui explique que les discours sur l'homme sont restés enfermés dans un débat entre les deux pôles de l'idéalisme et du matérialisme même si certaines tentatives comme le parallélisme ont tenté d'explorer de nouvelles voies. Ces deux pôles sont la conséquence directe de la logique de la non-contradiction. Nombreuses seront les études qui s'appuieront sur la logique de la non-contradiction et la quête d'un discours objectif et neutre en faisant usage du principe du *tiers exclu.* Malheureusement, l'homme ne peut pas s'objectiver. On peut toujours étudier sa biologie, sa physiologie et toutes ses composantes mais le vécu humain[18] ne se dévoilera jamais au travers de telles études. Ces savoirs ne disent rien du vécu et de son organisation. « *Mon corps* » ne pourra jamais devenir un objet de perception. Nous sommes liés au

---

[18] Ce n'est pas en faisant une sommation des diverses sciences que l'on parviendra à constituer une science de l'homme car « *l'objet de la science de l'homme n'est pas un objet, mais le Sujet incarné dans son corps* », Henri Ey, *La Conscience*, éd. Desclée de Brouwer, Paris, 1983, p. XIX.

corps d'une manière intime. La science physique est une science qu'on peut fonder selon l'ordre des raisons, mais la science de l'homme, celle du vécu, du monde de l'intime n'est pas possible selon ces critères. Le monde « objectif » n'est pas le monde « subjectif ». Le monde subjectif est le monde de la conscience[19]. Pour Henri Ey, il est important de souligner l'origine du problème si l'on veut en finir avec les impasses des sciences de l'homme[20] pour se constituer en véritable science. Affirmer que le modèle des sciences du monde était le seul modèle a été la cause de l'impasse de la connaissance de l'homme. Le milieu de l'homme n'est pas la matière mais la conscience, et ce milieu possède ses propres lois. De fait, ce qui est à fonder, c'est la science de la *qualité*.

L'approche de la conscience, de la subjectivité, s'est toujours constituée autour du principe de non-contradiction. Comme tous les savoirs, le savoir sur la conscience a repris les modèles qui ont cours depuis l'Antiquité et qu'on appelle par commodité le cadre aristotélicien (logique de la non-contradiction, logique binaire, logique de la causalité,

---

[19] La conscience comme concept n'apparaît qu'une seule fois dans l'œuvre de Descartes, c'est Locke qui substitue définitivement la notion de conscience à celle d'âme dans son ouvrage *Essai sur l'entendement humain.* L'*Essai* a été publié pour la première fois en 1689. Locke y examine les différentes facultés de l'esprit, la manière dont se forment les idées, ce qui permet de comprendre les limites de la connaissance humaine et de montrer l'importance de la subjectivité.

[20] La démarche eyienne n'est pas solitaire dans les sciences de l'homme, elle est même comparable à celle d'un penseur comme Edgar Morin. *La méthode*, ouvrage majeur d'Edgard Morin (contenant six tomes, publiés entre 1977 et 2006. Les tomes 4 et 5 sont consacrés à la connaissance de la connaissance). E. Morin explique que la limite de notre connaissance est liée à la stérilité de la méthode dualiste qui oppose l'esprit et le corps ainsi qu'au cloisonnement des sciences. Ce cloisonnement entre les « sciences naturelles » et les « sciences humaines » interdit de constituer une connaissance des connaissances.

etc.), sans oublier que la notion de conscience elle-même véhicule des présupposés de type métaphysique (n'a-t-elle pas été synonyme de l'âme ?). Tout ceci explique que le dualisme et sa version logique, le binarisme est resté très longtemps la seule forme d'explication de l'homme, ce qui a fait de lui un objet de connaissance problématique, voire incompréhensible. Aujourd'hui encore, la psychologie qui traite de l'homme est sommée de choisir entre un tout psychique ou un tout organique comme si la querelle des métaphysiciens et des matérialistes ne pouvait pas être obsolète. Comment s'étonner que l'approche de l'homme aboutisse systématiquement à des apories : et des choix impossibles entre la position « dualiste » et la position « moniste » ? La position dualiste postule la transcendance de la conscience, la position matérialiste postule la conscience comme un phénomène de la nature. La position idéaliste met l'homme à la surface du monde et la position matérialiste l'englue dans le monde. C'est pourquoi, pour Henri Ey, tant qu'on ne pensera pas que le milieu propre de l'homme est la *conscience* et que la question de la conscience apparaît avec la découverte qui pose que le véritable socle du psychisme est la *pulsion*, on ne pourra pas sortir des apories dans lesquelles nous sommes enfermés.

Le véritable débat sur la subjectivité ne peut se constituer que dans un cadre renouvelé qui en termine avec le cadre aristotélicien et la réduction « naturaliste » de l'homme. La psychologie n'a pas pris en compte la révolution que la science a dû opérer sur elle-même pour reconstruire son propre cadre logico-théorique (la relativité, le quantisme, etc.). Elle est restée enfermée dans le débat parménidien que dénonçait déjà Platon[21] en insistant sur les impasses

[21] C'est dans son dialogue *Parménide* que Platon découvre les impasses de la logique de la non-contradiction quand on veut parler de l'*être*.

d'une pensée de la logique de la non-contradiction : « *Si l'un est, alors...* ». Pareillement, on pourrait affirmer : « *Si la conscience est, alors...* ».

En résumé, Henri Ey dans son œuvre cherche à nous faire comprendre pourquoi les outils dont font usage les sciences de l'homme ne sont pas adéquats à une étude de l'homme ou étude de la conscience. La conscience est l'état réel de l'homme au même titre qu'il existe un état gazeux ou liquide, etc., cet état possède ses propres lois. Ce n'est possible que si on en termine avec la notion obsolète de la conscience qui n'est qu'une représentation mentale qui ne dit rien de l'existence consciente. C'est le premier obstacle qu'il faut lever car faire d'une idée la condition d'une réalité, interdit de comprendre la vie psychique et reconduit le discours métaphysique.

Remettre en cause le principe de causalité et cesser d'abstraire le vivant en le figeant dans des idées est la condition *sine qua non* pour constituer une véritable psychologie qui puisse avoir la prétention de devenir une science. Bergson[22] résumait tout cela dans une métaphore qui résume parfaitement les obstacles épistémologiques que rencontre la psychologie : il faut du temps pour qu'un

---

[22] Bergson en introduisant l'idée du parallélisme pour s'opposer au dualisme inaugure une nouvelle approche de la conscience et de son rapport au monde. C'est pourquoi Henri Ey fait si souvent référence dans toute son œuvre à ce philosophe qui parvient à conserver le statut de la conscience en ne la réduisant pas à n'être qu'un simple phénomène. Bergson dans son ouvrage *L'énergie spirituelle* (essai et conférences, Paris, Felix Alcan, Bibliothèque de philosophie contemporaine, 1922) insiste sur la limite de notre savoir relatif à la conscience. La conscience perçoit « *une certaine épaisseur de durée* » qu'elle synthétise en faisant fusionner les parties du temps (le passé, le futur) alors que notre intelligence sépare et mathématiquement « définit ».

morceau de sucre se dissolve dans un verre d'eau, mais ce temps ne change en rien la réaction finale ; alors que les choix que l'homme fait sont irréversibles et ouvrent de nouveaux champs d'action. Le principe de causalité est le principe fondateur du déterminisme qui fait des phénomènes des suites logiques qu'on peut descendre ou remonter indépendamment du lieu et du temps dans lesquels ils se déroulent. En contrepartie, il est logiquement impossible d'expliquer la succession des séquences du vécu. Les faits de conscience sont des séries autonomes. Le problème des rapports entre l'homme et son monde n'est pas simple. C'est pourquoi la notion de *corps* est devenue la notion centrale de toute la réflexion sur l'homme et la base de la théorie eyienne dans sa forme du « *corps psychique* ».

Avec le cartésianisme et la mise en évidence de la subjectivité, phénomène propre de *l'union*, s'est ouvert un champ nouveau de recherche qui ne pouvait qu'interroger les modèles explicatifs et remettre en cause les préjugés ou représentations. Henri Ey a compris qu'on ne pouvait pas en rester aux apories actuelles qui ont toutes pour origine le mauvais usage des principes de la raison ou plus particulièrement un usage inadapté de ces principes. La rupture avec le cartésianisme a fait apparaître l'urgence d'une nouvelle définition de la *conscience* en « *devenir conscient* » et l'obligation d'en terminer avec la double réduction idéaliste et matérialiste qui sont les avatars de la pensée métaphysique. Il faut en finir avec le modèle aristotélicien de la science et commencer par une véritable étude critique des obstacles à la science de l'homme.

C'est cette réflexion épistémologique à laquelle nous convie Henri Ey. Elle montre comment on passe de l'idée cartésienne de « *mon corps* » à la notion de « *corps psychique* ».

L'approche philosophique

Les philosophies de l'existence

Henri Ey propose de commencer par interroger les philosophies de l'existence dans la mesure où elles ont été les premières à comprendre l'importance de la conversion mentale pour expliquer l'homme. C'est à ce titre qu'elles sont une clé pour résoudre la crise de la pensée psychiatrique. Les philosophies de l'existence introduisent la temporalité chez l'homme. Le temps devient la condition de l'humanisation, la fracture entre l'homme de nature et l'homme de conscience. L'homme est un être de temps et à ce titre il s'extrait du monde naturel dans lequel le temps n'est qu'une variable d'ajustement. Hegel[23] est le premier penseur de l'être comme temporalité ou subjectivité. L'approche de la subjectivité ne peut se faire qu'en transformant les habitudes mentales. Il propose de substituer la dialectique à la logique de la non-contradiction. C'est à partir de Hegel[24] que la différenciation entre les sciences de la nature et la science de l'homme devient patente.

---

[23] L'approche hégélienne est à l'origine de la nouvelle science philosophique, la phénoménologie. L'ouvrage majeur de Hegel s'intitule *Phénoménologie de l'Esprit* (1807). Dans cette œuvre, Hegel présente l'évolution progressive de la conscience et sa relation dialectique à elle-même et au monde. Henri Ey reprendra cette idée d'une apparition progressive de la conscience à elle-même dans une lutte sans fin avec elle-même et son monde : « *C'est seulement après avoir abandonné l'espérance de supprimer l'être-étranger d'une façon extérieure que cette conscience se consacre à soi-même. Elle se consacre à son propre monde et à la présence, elle découvre le monde comme sa propriété et a fait ainsi le premier pas pour descendre du monde intellectuel* ». Dans ces lignes transparaît l'idée du *corps psychique* propre à Henri Ey.

La dialectique permet de sortir de l'impasse qui opposait l'homme au monde. Avec la dialectique hégélienne, le monde est partie prenante du devenir humain, il devient le lieu d'objectivation de l'esprit et permet à l'homme de se penser dans la dynamique dialectale entre lui et lui-même. Hegel refuse de faire un absolu de la conscience en l'incarnant dans son monde : « … *saisir la structure de la conscience en mettant l'accent sur l'ambiguïté, la bilatéralité et la multiplicité de sa constitution. Nous pouvons dire peut-être que la structure de l'expérience actuelle, le champ de la conscience, constitue son vécu à la limite d'un conflit entre* ce qui se présente *et ce que* je saisis »[25]. La conscience est une expérience qui se fait *hic et nunc* et se renouvelle dans un processus sans fin. C'est ce champ temporo-spatial, « *ce qui se présente* », « *ce que je saisis* » qui est, non pas la conscience mais son champ, le lieu/moment où elle apparaît comme phénomène du monde. Le rapport « intime » se développe dans la temporalité car saisir, c'est toujours s'ouvrir à l'infinie nouveauté de la succession des expériences, or, cette dimension temporelle échappe totalement aux philosophies classiques.

Le vécu est caractérisé par le fait qu'il se constitue d'infinies nouveautés qui s'organisent selon les différents plans hiérarchisés de l'être pour produire du sens dans un devenir singulier. Cette organisation ne peut pas s'expliquer selon le principe de la causalité, le sens a toujours quelque chose d'imprévisible du fait qu'il se constitue dans des *ici et maintenant* singuliers. La subjectivité ne se comprend qu'en tant que construction et processus constituant qui produit un milieu dans lequel elle apparaît, ce milieu, Hegel l'appelle *histoire* et Henri Ey champ de la conscience. Il appartient aux philosophies de l'existence d'avoir résisté à la réduction métaphysique ou matérialiste et d'avoir su

[25] H. Ey, *La conscience*, Paris, 1983, ISBN 2-220-02432-6, p. 42.

comprendre que la subjectivité est le phénomène d'une conscience incarnée.

Parmi les nombreux philosophes de l'existence, Henri Ey a choisi d'étudier Hegel, James, Bergson les phénoménologues et Merleau-Ponty qui occupe une place particulière dans son œuvre[26].

Hegel

« Le frontispice hégélien des philosophies de la conscience que nous allons maintenant exposer n'en reste pas moins un système de référence "idéaliste" qui est comme le pôle d'attraction de toute spéculation ou analyse de la conscience pour autant que celle-ci se superpose ou s'arrache à sa nature »[27].

Hegel a ouvert la voie à la critique de la logique de la non-contradiction dans laquelle la discussion philosophique sur la conscience s'était enfermée. La conscience n'a d'autre existence qu'historique, elle se déploie dans le temps jusqu'au savoir absolu d'elle-même. L'idée d'une transparence de soi à soi disparaît. Il n'y a plus d'être en soi. L'être est dans le temps. En devenant temporel, il est toujours autre que lui-même, il n'est plus qu'une actualisation toujours renouvelée. Le « je » pontifical cartésien s'inscrit dans le flux du temps. Le « je » devient son histoire.

---

[26] Merleau-Ponty a participé aux colloques organisés par Henri Ey à Bonneval et qui ont fait l'objet d'une publication aux éditions Desclée de Brouwer, Paris, 1966, sous le titre *VIe colloque de Bonneval. L'Inconscient*. Réédité aux éditions Tchou en 2000.

[27] Henri Ey, *La Conscience*, éd. Desclée de Brouwer, Paris, 1983, p. 44.

Hegel renonce à la logique de la non-contradiction car les liens qui unissent les différents moments du vécu n'ont pas la cohérence d'un discours de raison. La dialectique se substitue à l'explication causale du monde liée à l'intemporalité de la matière. Il n'est pas possible de rendre compte d'un vécu selon les catégories de la raison. L'existant est une présence dans un *« ici et maintenant »* qui lui confère une singularité éphémère. Sa présence en un temps et en un espace n'est que le moment d'un processus toujours recomposé qu'on nomme la vie. La vie s'invite dans la pensée comme objet problématique car l'*ici et maintenant* correspond à un rapport entre une intention, un lieu et une idée. L'*ici et maintenant* est une détermination provisoire de l'être qui se déploie dans le monde. Il est l'expression mondaine de l'être. C'est pourquoi on ne peut pas faire du vécu une idée pontificale, en l'abstrayant du flux temporel dans lequel il s'inscrit et inscrit la matière. La temporalité interdit toute substantification qui englue l'être dans le monde des choses.

L'introduction de la temporalité transforme radicalement le paysage de l'être qui perd son entité d'être pour devenir un *étant*, un être en devenir. Cela renverse toutes les perspectives et surtout en termine avec l'idée d'un sens originaire qui rendrait compte des variations des modalités de l'être. C'est ce qui fait que l'hégélianisme en termine avec la pensée logico-formelle d'un sens transcendant. Pour comprendre le processus humain, il faut rejeter le principe de non-contradiction et renoncer au discours stable intemporel et universel de vérité. Mais un savoir qui ne peut plus donner de lois est-il encore un savoir ? Hegel combinera le savoir et la temporalité en vidant la conscience de son contenu absolu. La conscience devient le cadre temporel dans lequel s'inscrivent des contenus concrets. Hegel en termine avec le faux-semblant de la temporalité aristotélicienne : l'*entéléchie* qui tente de maîtriser le temps en n'en faisant que la forme de la vie et non la vie. Hegel ne peut pas se résoudre à une interprétation du phénomène humain qui ignore le temps et le magnifique livre de Leibnitz la *Theodicée* apparaît comme la dernière construction conceptuelle de la pensée métaphysique. Le temps n'est plus finitude pour l'homme mais le signe d'une ouverture infinie, processus d'intégration qui se concrétise dans le phénomène de conscience. Le temps n'est pas le destin, le temps ouvre mais n'introduit aucun sens, le sens est donné par l'action. Si le temps n'existait pas, les moments historiques de la conscience n'existeraient pas non plus et il ne serait pas possible de rendre compte de la variabilité des contenus du phénomène de conscience. La conscience est toujours ouverture et conscience de l'autre d'elle-même.

La temporalité si elle met en suspicion *l'être* fait émerger le *Sujet* comme ce qui donne la visée ou l'intention de chaque moment actuel et unit dans le sens les actualités aléatoires. Le Sujet intentionnel est ce à quoi les formes variées des contenus de conscience sont attribuables.

Avec Hegel, la vie psychique ne se réduit plus à la seule rationalité, elle exprime la synthèse momentanée des passions et de la raison. Hegel introduit l'idée que la conscience de soi passe par la médiation du monde et d'autrui. La *conscience* est aussi la *conscience de soi.* Avec Hegel, apparaît la distinction entre conscience collective et conscience individuelle ; entre l'ordre de la connaissance et celui de la subjectivité. En ce sens, il renverse le cartésianisme par l'incarnation du « *Je pense* » sous sa forme individuelle et sa forme collective. L'idée-force de l'hégélianisme est d'affirmer que tout est relation. La catégorie de la relation se substitue à celle de l'unité.

L'apport hégélien à la théorie eyienne

L'apport hégélien est indéniable. La subjectivité est le moment de la synthèse du combat entre la rationalité et la sensibilité, entre l'universel et le particulier. Dans cette perspective est contenu le cadre de toute pensée psychologique.

En introduisant la temporalité psychique, il fait de la vie psychique un processus autodéterminant. L'homme n'est plus seulement un être de nature soumis aux lois de la nature, il n'est pas non plus un être suprasensible, il est en relation avec le monde physique qu'il subsume sous sa raison qui en fait non plus le réel mais le réel rationnel. L'homme est un être de relation, avec lui-même, avec les autres et avec le monde.

La pensée eyienne est redevable à Hegel d'avoir mis en lumière l'interaction tant cognitive qu'affective des individus et d'avoir montré que le réel est une construction et non un donné. La relation est au centre de la vie psychique individuelle et ouvre une nouvelle perspective pour mieux comprendre la maladie mentale qui apparaît comme l'impossible relation. Exister, c'est s'ouvrir au monde et aux autres, c'est distinguer entre le singulier et le collectif, c'est trouver sa place dans l'*ici et maintenant.* Cela est un apport qui permet de concevoir que la temporalité psychique est lourde d'une histoire singulière qui peut être l'obstacle à la discrimination entre soi et les autres et si cette temporalité ne s'écrit pas dans un processus d'ouverture, enferme l'être dans une singularité absolue qui est le propre de toute maladie psychique.

Henri Ey prend en considération l'instauration par Hegel

de la dialectique[28] qui permet en partie de surmonter les impasses de la logique de la non-contradiction.

Henri Ey reprend à son compte l'idée qu'il n'y a de temporalité qu'humaine. La notion de temporalité ouvre l'homme vers l'infinité des possibles et redonne à l'homme sa responsabilité. La temporalité psychique exige l'existence d'un sujet qui unifie les moments de cette temporalité. La temporalité humaine est constituante du vécu de chacun. Le devenir humain est imprévisible, il est le résultat d'une multitude de choix qui eux-mêmes conduisent à d'autres choix[29]. C'est aussi parce que l'homme est temporalité qu'il peut prétendre à sa liberté. Pour la psychiatrie, cette notion est essentielle, elle met le vécu singulier comme expression de choix singuliers.

La dimension de la relation au monde et à autrui reste la clé de voûte de tout ce système. Cela permet de distinguer l'individu de l'homme. L'homme est une notion abstraite qui n'a aucun sens en elle-même. Comme toute abstraction, elle est proprement métaphysique. Seul l'individu concret a du sens. Ce qui est premier, ce n'est pas l'homme mais l'individu et c'est parce que les individus ont besoin d'être en relation pour exister que l'homme comme lieu abstrait de rencontre se forge. Ce renversement n'est pas assez souligné. Hegel renverse l'ordre des perspectives : l'homme n'est plus premier, c'est l'individu qui est premier. Pour un psychiatre, les précisions hégéliennes sont

---

[28] Henri Ey fait usage de la méthode dialectique pour expliquer les problèmes de la maladie mentale. Il n'oppose plus la maladie à l'esprit sain, il montre comment s'articule autour de la médiation du sensible, la réalité objective du monde partagé. Il définit la maladie mentale comme l'incapacité à produire cette médiation sensible.

[29] Hegel traite de la notion d'imprévisibilité dans les choix humains en prenant comme exemple l'impasse du règne de Néron quant à l'effectivité de la raison dans le monde (in *La Raison dans l'histoire*).

importantes. L'individu n'existe pas pour lui-même, il est le lieu de rencontre entre lui, son monde et les autres. C'est dans cette relation qu'il se constitue.

En conclusion, pour Henri Ey, Hegel a permis de mettre en lumière qu'il existe une dimension proprement humaine qu'on appelle la subjectivité mais surtout qu'il est possible de penser l'univers non pas d'une manière homogène mais multiple. Dans un système comme celui de l'univers, il peut exister plusieurs systèmes qui cohabitent.

Bergson

« *Sans doute pourrait-on s'étonner que la philosophie de Bergson n'ait pas chez nous [...] fécondé la psychologie et la psychopathologie de la conscience, car bien évidemment les descriptions bergsoniennes ne le cèdent en rien à la richesse des analyses allemandes. Mais le souci d'extraire du dynamisme de la conscience son essence pure et spirituelle a peut-être autant éloigné qu'elle a permis d'approcher de la "réalité" de la conscience.* »[30]

La philosophie bergsonienne est la philosophie de l'*agir*. L'homme est action, il est « *homo faber* ». Il est celui qui fabrique. Si l'homme est capable d'agir, c'est d'abord parce qu'il est en mesure de pouvoir se représenter son environnement. Bergson en insistant sur cette dimension de l'homme montre que l'homme ne cherche pas à connaître mais à concilier le monde avec son intention. Le monde est pour l'homme un outil. Tout est intention. La subjectivité est au cœur de l'homme. Ceci est possible parce qu'il possède une conscience qui lui permet de prendre ses distances vis-à-vis de son environnement. Cette conscience

[30] H. Ey, *Études psychiatriques*, éd. CREHEY, Perpignan, 2006, vol. III, tome III, p. 656, note 3.

lui permet aussi de transformer ce qui l'entoure. La conscience organise, modifie son environnement pour le rendre adaptable à ses intentions. Il n'y a plus d'environnement neutre étranger au sujet qui le constitue. Le monde est le monde d'un *Sujet* qui exprime l'intention d'une conscience. Chaque monde est singulier. Il existe une véritable distinction entre l'univers et le monde humain. Le monde humain est l'expression d'une subjectivité agissante.

La thèse bergsonienne selon laquelle le monde n'est pas l'univers mais le monde d'un sujet se constitue à partir de la critique de la perception. Bergson avance l'hypothèse que les philosophes se sont trompés en traitant la perception. Percevoir n'est en rien une passivité au sens cartésien du terme. La pensée n'est pas la cire sur laquelle viennent s'imprimer les impressions mécaniquement reçues au travers d'un système sensoriel uniquement passif. La perception, tout au contraire, est une action. Ce que l'on perçoit est toujours lié à une intention, à une volonté. Le monde perceptif est en étroite relation avec une intention. Si la perception était une perception passive, nous devrions tout percevoir puisqu'il n'y aurait aucune sélection, ce qui est absurde car l'homme serait alors totalement submergé par sa perception. Or, il n'en est rien, nous ne percevons, en fait, que ce qui est utile pour réaliser une intention, lui donner la forme de l'action. L'homme se fait une représentation utilitaire de son environnement, de ce qu'il perçoit. C'est ce qui explique la variation infinie des représentations en fonction des vouloirs singuliers. La perception est un outil perfectionné qui suppose la capacité de la conscience à transformer le monde. L'espace vécu n'a rien de commun avec l'espace scientifique. Cette distinction doit toujours être prise en considération. Pour comprendre le sens de la perception et donc l'essence même de l'homme, il fallait en finir avec les méthodes logiques utilisées pour expliquer le monde de l'homme. Il y a une différence entre la conscience que les scientifiques se font du monde et la conscience individuelle du vécu qui introduit non seulement la quantité mais en plus la qualité dans le monde. Le monde est un mixte, il n'est pas une réalité autonome, indépendante de l'homme. La notion d'objectivité est remise en cause. Le monde est une *représentation* et une *volonté*, il est un moyen et non une fin. Faire usage de la logique de l'opposition, de la logique de la non-contradiction, c'est faire du vécu des moments quantifiables et juxtaposés les uns aux autres, c'est aussi opposer le monde de la perception au monde de la subjectivité alors que pour une conscience agissante, tout est lié dans son univers.

« *Matérialistes et dualistes s'accordent, au fond, sur ce point. Ils considèrent à part certains mouvements moléculaires de la matière cérébrale : alors les uns voient dans notre perception consciente une phosphorescence qui suit ces mouvements et en illumine la trace ; les autres déroulent nos perceptions dans une conscience qui exprime sans cesse à sa manière les ébranlements moléculaires de la substance corticale : dans un cas comme dans l'autre, ce sont des états de notre système nerveux que la perception est censée dessiner ou traduire. Mais le système nerveux peut-il se concevoir vivant sans l'organisme qui le nourrit, sans l'atmosphère où l'organisme respire, sans la terre que cette atmosphère baigne, sans le soleil autour duquel la terre gravite ?* »[31]

Bergson réhabilite totalement le sujet. Il n'y a pas de monde sans un sujet. Tout univers possède son sujet constituant.

[31] H. Bergson, *Matière et mémoire*, Édition Quadrige, PUF, 1990, p. 19.

Une méthodologie nouvelle

Bergson, de ce fait, dénonce le monisme et le dualisme. Cette dénonciation est la condition *sine qua non* pour sortir des apories dans lesquelles toute analyse de la vie psychique est enfermée. Bergson fustige ces deux approches car elles ne prennent en compte qu'une partie des composantes de la vie psychique, soit sa dimension matérielle, soit sa dimension spirituelle. Ces théories ignorent que le vivant est d'abord un organisme, c'est-à-dire au sens bergsonien un *mixte* qui suppose une organisation hiérarchisée et finalisée. La physique, la biologie, le spirituel, collaborent et ne s'opposent pas. Il est, par exemple, possible de penser les relations entre les processus cérébraux et le système nerveux, mais une telle étude ne permet pas de comprendre ce que signifie la vie psychique. Ce qui manque à ce type d'analyse est la dimension de la finalité sans laquelle aucune compréhension de la vie psychique n'est possible. Ce qui pose la question de la place de la conscience dans la structuration de l'organisme. On ne peut comprendre le fonctionnement des parties qu'à partir de l'organisation d'ensemble, du plan d'ensemble qui seul permet de rendre compte et d'expliquer les variations des systèmes de tout le vivant. Le vivant est un système et, comme tel, est finalisé. Comment pourrait-on comprendre un système sans en comprendre sa finalité ? C'est cette inversion que propose Bergson : penser le tout pour comprendre les parties. La conscience est non seulement constituée mais elle est aussi constituante, ce qui subvertit tous les principes d'une logique de la non-contradiction.

Cet écueil, Bergson y est sensible, il s'en expliquera en montrant que la finalité d'un système peut parfaitement s'expliquer d'une manière interne sans avoir recours à une explication externe, le *tiers exclu* devient le *tiers inclus*.

Cela signifie que la loi d'un système possède une dimension aléatoire qu'elle aurait très bien pu être autre. Bergson par cette thèse remet en question la représentation d'un homme qui serait au sommet de la création ; le système de l'homme aurait pu être différent, ce qu'il est, il n'est pas nécessaire. C'est la conséquence de l'idée d'une vérité qui n'existe pas en soi (que le tiers n'est pas exclu) qui oblige à relativiser le vivant mais c'est en même temps la condition de la laïcisation de la pensée. Le vécu ne peut pas être étudié comme une véritable science si on ne lui reconnaît pas une autonomie organisationnelle.

« *Tout se passe comme si, dans cet ensemble d'images que j'appelle l'univers, rien ne se pouvait produire de réellement nouveau que par l'intermédiaire de certaines images particulières, dont le type m'est fourni par mon corps.* »[32]

Le vivant organise son système par rapport aux autres systèmes. C'est ainsi que le vécu humain ne peut se comprendre que dans le cadre de l'action humaine, d'une visée intentionnelle. Chaque vécu produit la loi de son organisation. La loi du système est l'action engagée dans le monde. C'est dans l'interrelation entre le tout et les intentions que peut se comprendre l'organisation de la conscience. Le système est finalisé en vue de la possibilité d'agir dans le tout. Le système corps/esprit est finalisé en vue de son adaptation à la totalité afin que l'organisme puisse agir sur son environnement en vue de sa conservation.

Pour Bergson, on ne peut pas comprendre l'homme si l'on en reste à une logique de la contradiction et si l'on ne

---

[32] H. Bergson, *Matière et mémoire*, Éditions Quadrige, PUF, 1990 ; ch. 1, p. 12.

pense pas en termes de systèmes et de relations de systèmes. Il est possible qu'il y ait une multitude de lois dans un système. L'unité n'est pas, par définition, homogène sauf dans le cas d'un système dont la loi serait le principe de non-contradiction. Bergson en termine avec la pensée socratico-aristotélicienne du tiers exclu. Cette remise en cause permet de penser la possibilité d'infinies nouveautés car rien ne peut s'opposer à ce que dans un système donné il existe une multiplicité de possibilités ou trajectoires de vies. C'est en partant de cette critique que Bergson met en avant la possibilité de l'existence de la conscience comme l'unité qui garantit le fonctionnement du système corps/esprit en en rendant possible la synergie. On peut prendre comme exemple la pensée : c'est une information mécanique qui se convertit en une information électrique qui devient une intention. On passe d'un système à un autre et chaque passage ouvre le champ des possibilités. Il n'y a donc pas d'impossibilité pour qu'une information mécanique puisse produire de la qualité. C'est possible à condition que la totalité des échanges se passe dans un système capable de produire des commensurabilités et que le système lui-même soit la condition de toutes les commensurabilités. C'est le système de la conscience.

« L'obscurité du problème, dans toutes les doctrines, tient à la double antithèse que notre entendement établit entre l'étendue et l'inétendue d'une part, la qualité et la quantité de l'autre. Il est incontestable que l'esprit s'oppose d'abord à la matière comme une unité pure à une multiplicité essentiellement divisible, que de plus nos perceptions se composent de qualités hétérogènes alors que l'univers perçu semble devoir se résoudre en changements homogènes et calculables. Il y aurait donc l'inextension et la qualité d'un côté, l'étendue et la qualité de l'autre. Nous avons répudié le matérialisme qui prétend faire dériver le premier terme de second ; mais nous n'acceptons pas

davantage l'idéalisme, qui veut que le second soit simplement une construction du premier. Nous soutenons contre le matérialisme que la perception dépasse infiniment l'état cérébral ; mais nous avons essayé d'établir contre l'idéalisme que la matière déborde de tous côtés la représentation que nous avons d'elle, représentation que l'esprit y a pour ainsi dire cueillie par un choix intelligent. De ces deux doctrines opposées, l'une attribue au corps et l'autre à l'esprit un don de création véritable, la première voulant que notre cerveau engendre la représentation et la seconde que notre entendement dessine le plan de la nature. Et contre ces deux doctrines nous invoquons le même témoignage, celui de la conscience, laquelle nous montre dans notre corps une image comme les autres, et dans notre entendement une certaine faculté de dissocier, de distinguer et d'opposer logiquement, mais non pas de créer ou de construire. Ainsi prisonniers volontaires de l'analyse psychologique et par conséquent du sens commun, il semble après avoir exaspéré les conflits que le dualisme vulgaire soulève, nous ayons fermé toutes les issues que la métaphysique pouvait ouvrir »[33].

Le corps et l'esprit ne sont que des sous-systèmes de l'ensemble conscience. L'esprit et le corps deviennent des outils d'une intention dans le milieu de la conscience. Bergson insiste sur l'importance de la finalisation et de la solidarisation des sous-ensembles par rapport à la totalité. Chaque sous-partie de l'ensemble « *univers* » doit trouver son positionnement par rapport à la totalité à laquelle il participe. Les sous-parties d'un ensemble ne s'opposent pas à la totalité mais elles participent selon leur point de vue à la stabilité générale de la finalité du système.

---

[33] H. Bergson, *Matière et mémoire*, Éditions Quadrige, PUF, 1990, chap. 4, p. 202.

Les rapports de l'être et du temps sont, aussi, au cœur de la démarche bergsonienne. Le temps est constituant de l'être conscient, puisqu'« être conscient » c'est agir. Dans le temps se déploie le corps dans ses mouvements et ses appropriations spécifiques des choses du monde. Le processus de conscientisation du monde est un processus qui ne peut qu'être singulier puisque l'action est synthèse d'une réalité externe et d'un vécu interne. Non seulement le Sujet est une réalité en droit mais de surcroît il devient un fait du monde. Le sujet émerge dans le monde en même temps que se produit le processus d'actualisation de la synthèse. Le temps humain n'est pas le temps des scientifiques. Pour le scientifique, il est une variable sans importance, par exemple, un morceau de sucre finira par se dissoudre car il faut du temps pour que la réaction se fasse mais la réaction se déroulera de manière prévisible[34], tandis que pour l'homme une action n'est pas prévisible et une fois accomplie elle est irréversible. Le temps est la condition de la vie humaine. « *Notre perception pure, en effet, si rapide qu'on la suppose, occupe une certaine épaisseur de durée, de sorte que nos perceptions successives ne sont jamais des moments réels des choses, comme nous l'avons supposé jusqu'ici, mais des moments de notre conscience* »[35]. Ces analyses sont à mettre en parallèle avec les analyses d'Henri Ey : « *La conscience introduit l'espace de la représentation dans l'actualisation de son temps vécu* ». Merleau-Ponty rappellera l'« étonnante description » par Bergson au premier chapitre de *Matière et Mémoire*, de l'être perçu : « *Jamais encore on n'avait établi ce circuit entre l'être et moi qui fait que l'être est "pour moi" spectateur mais qu'en retour le spectateur est "pour l'être"* ». De ce contrecoup

---

[34] L'exemple célèbre du morceau de sucre est développé dans l'*Évolution créatrice* écrite en 1904.

[35] H. Bergson, *Matière et Mémoire*, PUF, coll. Quadrige, 1990, p. 72.

du monde sur moi, de ce choc de la vie contre sa connaissance, jaillit la conscience.

Avec Bergson, la conscience est d'emblée coextensive à la vie. Cette identité entre temps et conscience fait de la conscience un processus qui transforme le monde en expérience et le devenir en actions possibles. L'homme est action et son organisation d'ensemble est spécialisée en vue de l'action, ce qui fait de Bergson le philosophe de l'action et de la liberté. Dans la mesure où la conscience est temporelle, son insertion dans le monde se caractérise par un ensemble de possibles qui ne sont jamais déterminés. Avec la temporalité, Bergson introduit la possibilité de la liberté dans l'agir humain. C'est ainsi que le monde de la perception est l'expression mondaine d'une action de conscience organisée en vue de l'action intentionnelle. C'est parce que l'expérience humaine est une action et non une simple réceptivité que la liberté est possible. Si l'expérience est contingence par le fait qu'elle est sélection de possibles, il n'en demeure pas moins qu'elle n'est jamais passivité mais toujours expression de la liberté possible de l'agir humain. La conscience est l'attention. La conscience est la tension permanente entre une durée pure et un espace fini qui est la condition du déroulement de la vie comme mouvement d'actualisation libre.

Bergson est un philosophe engagé qui refuse de faire de la conscience un simple épiphénomène comme l'affirme au même moment Freud. Freud est une cible de la critique bergsonienne. C'est la conscience qui est constituante et non pas l'inconscient qui nous ramènerait à une interprétation purement déterministe de la vie. Penser avec Freud, c'est rendre impossible la compréhension du mouvement même de la vie. Vivre c'est agir, c'est faire de la présence au monde une synthèse des possibles. Bergson fait usage du concept de *simultanéité* pour exprimer le processus de la constitution de l'espace et du temps symbolique. Il y a chez Bergson un retournement essentiel qui fait de l'espace et du temps représentés non plus des données immédiates mais des constructions[36]. L'espace comme le temps sont des représentations qui ne correspondent à aucune réalité. Il n'y a pas de réalité extérieure, toute réalité renvoie à un centre qui est la conscience, plus particulièrement, dans ce cas, la *conscience de...* L'extériorité comme l'intériorité ne sont que des moments de la conscience, provisoirement stabilisés. La conscience produit des simultanéités : mémoire, souvenir, perceptions pour en faire des objectivités, c'est-à-dire des réalités. Ce sont ces réalités provisoirement solidifiées que l'on prend pour la réalité inamovible et immuable alors qu'elles ne sont que des productions de l'activité consciente.

L'apport bergsonien à la théorie eyienne

La philosophie confirme que la perception est toujours liée à un Sujet. Le monde est perception, ce qui signifie qu'il actualise le Sujet. Le monde de la perception n'est pas le monde neutre des scientifiques, il est porteur de sens. Le monde de la perception devient chez Henri Ey le *champ de*

[36] Les réflexions de Bergson sur le temps sont importantes. Elles remettent en question la représentation qu'on se fait du temps. « *Quand je suis des yeux sur le cadran de l'horloge, le mouvement de l'aiguille qui correspond aux oscillations du pendule, je ne mesure pas la durée, comme on paraît le croire ; je me borne à compter des simultanéités [...] En dehors de moi, dans l'espace, il n'y a jamais qu'une position unique de l'aiguille et du pendule, car des positions passées il ne reste rien* » (*Essai sur les données immédiates de la conscience*). Les réflexions de Bergson sur le temps seront essentielles dans la conception eyienne de la conscience. Le processus de conscience est dans la durée tandis que les contenus de conscience sont dans le temps.

la conscience. Le champ de la conscience est l'expression d'une subjectivité agissante, il est signifiant. Cela justifie la pratique psychiatrique. L'homme s'exprime dans un champ qu'il construit en fonction de son vécu et de ses intentions. Le champ de la conscience signifie un vécu singulier.

Ey reprend, dans sa théorie du *corps psychique*, l'idée que la conscience et l'*agir* se confondent dans le *champ de conscience.*

La conscience n'est pas une idée, elle est une fonction structurante. La conscience n'est pas un épiphénomène comme le voudrait Feud[37]. Le vécu s'ordonne dans la fonction de conscience selon une hiérarchisation qui donne de la valeur aux actions. Les actions humaines ne sont pas de simples réactions comme les réactions chimiques, elles s'ordonnent suivant une intention et sont intelligibles. L'homme est action, sa vie n'est pas l'effet produit par une cause externe. L'homme est sujet, ce qui donne à son monde du sens. Le sens ne peut être donné que par une conscience.

---

[37] Freud rappelle que la conscience n'est pas l'état principal du psychisme, c'est en ce sens qu'il pourra affirmer que la « *conscience est un épiphénomène* ». « *La division du psychisme en un psychisme conscient et un psychisme inconscient constitue la prémisse fondamentale de la psychanalyse ; sans laquelle elle serait incapable de comprendre les processus pathologiques [...] Être conscient est avant tout une expression purement descriptive et se rapporte à la perception la plus immédiate et la plus certaine. Mais l'expérience nous montre qu'un élément psychique, une représentation, par exemple, n'est jamais conscient d'une façon permanente. Ce qui caractérise les éléments psychiques, c'est la disparition rapide de leur état conscient* » (*Essai de psychanalyse*). Ce texte résume l'opposition Ey/Freud. Ey reconnaît l'apport important de Freud par l'introduction de la notion d'inconscient et en même temps Ey rejette la position freudienne soutenue dans la 2nde topique selon laquelle l'inconscient serait le psychisme.

Henri Ey fera usage de la théorie bergsonienne de la conscience pour remettre à sa place l'inconscient. C'est la conscience qui est à l'origine des comportements, c'est elle qui arbitre les choix des actions humaines. Grâce à cette théorie, Henri Ey sortira des contradictions de la psychanalyse.

La notion d'actualisation de la conscience dans l'agir, reprise dans le *champ de la conscience*, permet de comprendre aussi que le *champ* dont il est question est le résultat d'une discrimination entre tous les éléments qui pourraient le constituer. L'homme fait des choix, c'est la fonction essentielle de son activité consciente, il en est de même quand il s'agit des forces inconscientes. Ce *champ* c'est l'expérience vécue. L'idée de *champ* permet de *« circonscrire dans des dimensions temporelles la relation du Moi à son monde »*. Le champ n'est pas un simple lieu, un point mais un système qui ne peut se comprendre qu'en relation avec d'autres systèmes. Le champ invite à penser les limites qui lui sont assignées et par là même l'ordre dans lequel il s'inscrit. Ce qui se traduit en langage eyien par la *« structure campine »* de la conscience.

Aucune étude sérieuse sur l'homme ne peut ignorer à la fois la structure temporelle de la conscience et sa fonction qualitative. Vouloir neutraliser les processus de conscience, c'est ignorer la spécificité humaine, c'est revenir à une conception métaphysique de l'homme. La conscience n'est pas comme l'affirmait Freud un épiphénomène, elle est la condition de l'univers du sujet agissant dans le monde. Il n'y a pas de subjectivité sans un sujet constituant. Le monde dans lequel le sujet vit n'est pas un monde extérieur à lui. L'homme n'est pas jeté dans un univers étranger, au contraire, le monde du sujet est son monde, il l'exprime dans toutes ses composantes. Apprendre à comprendre comment le monde d'un sujet s'organise, c'est comprendre le fonctionnement du sujet lui-même par rapport à lui-même, aux autres et au monde. Ce sera le fil conducteur de toute l'œuvre eyienne. La parenté entre Bergson et Ey est évidente mais ne deviendra jamais une véritable filiation. « *Autrement dit, les notions de champ de la conscience, de champ de l'attention, de champ de l'action, de champ de l'expérience, sont identiques dans la mesure où elles visent la constitution des phénomènes de conscience en vécu, s'ordonnant relativement à son "intentionnalité" pour former son actualité. Autrement dit encore, le contenu de la conscience est essentiellement "encadré", et c'est cet encadrement tout à la fois signifiant et "thétique" qui est visé par la notion même d'un champ "délimité" comme il est "défini" par ses propriétés structurales* »[38]. Bergson introduit l'idée d'intentionnalité ou de visée mais il n'introduit pas la notion de pulsion, ce qui le différencie radicalement des psychiatres. Toutes les philosophies incarnent l'homme dans la matière physique jamais dans la matière dynamique ou « *pulsion* ». Ce qui fait que la conscience bergsonienne apparaît à Henri Ey comme une conscience désincarnée.

La vie ou le vital, c'est l'ouverture et pas seulement la réaction. La conscience transforme l'homme en acteur.

Pour toutes ces raisons, Henri Ey voue une profonde admiration à Bergson. La multiplicité des références tout au long de son œuvre en témoigne tout comme les hommages qu'il lui rend en différents moments de ses travaux. Bergson est incontournable car il a fait de la conscience la condition

---

[38] H. Ey, *La conscience*, Édition Desclée de Brouwer, 1983, p. 111.

même de l'expérience vécue et a pensé cette expérience comme une *simultanéité*, forçant par là même à devoir penser l'expérience non plus comme une manière passive qu'aurait l'homme d'être dans le monde mais comme le lieu de rencontre d'une multitude d'ordres différents. En filigrane, se dessine la notion de « *corps psychique* ». La structure dynamique de la conscience se retrouve dans le « *devenir conscient* » eyien[39].

La Phénoménologie

Toutes les philosophies précédentes ont en commun d'avoir mis l'accent sur la dimension temporelle de l'homme et le lien qui unit le monde au sujet. L'introduction de la temporalité comme condition de l'homme a mis en question la logique de la non-contradiction pour rendre compte de l'histoire des subjectivités. Hegel a proposé, par exemple, de substituer la dialectique à la logique de la non-contradiction pour penser le devenir humain. Enfin, ces doctrines ont mis en évidence la dimension subjective du monde de la perception. La distinction catégorique entre l'extériorité et l'intériorité a été remise en cause. Les systèmes philosophiques pour rendre compte de l'homme se sont peu à peu effondrés pour laisser place à des ontologies singulières. Ce faisant, un écart s'est creusé dans le discours de vérité. La loi du *tiers-exclu* ne peut plus être

[39] Malgré le lien étroit qui unit Ey à Bergson et malgré son admiration déclarée, il n'est pas possible de réduire la pensée eyienne à la philosophie bergsonienne ne serait-ce que parce qu'Henri Ey introduit la dimension inconsciente de la conscience et qu'il incarne la dynamique de la conscience dans son opposition à la pulsion. Toutefois, une notion comme celle de « champ de la conscience » ne peut se comprendre qu'en relation avec la notion bergsonienne de « champ du présent ». Henri Ey en fait mention dans son étude sur Bergson (in, *La conscience*).

appliquée sans risquer de produire un discours métaphysique. Le XXe siècle doit aussi bien dans les sciences de la nature que dans les sciences de l'homme trouver une approche scientifique novatrice. La science ne propose plus des *vérités* mais des discours falsifiables et simplement *valides*[40]. Le monde est plein du travail de l'esprit et la nature doit être repensée, non plus comme l'antithèse de la conscience, mais en lien avec le *devenir conscient*. Il existe un lien dialectique entre l'esprit et le monde physique car ce dernier est le lieu de son actualisation. C'est dans la production synthétique du travail de l'esprit que la nature se constitue pour l'homme. C'est la phénoménologie qui sous l'impulsion de Husserl prendra le mieux la mesure de cette révolution épistémologique. La remise en question de la tradition philosophique est résumée dans l'ouvrage de Husserl, intitulé, *La philosophie comme science.*

Avec la phénoménologie, la philosophie reprend la question de l'origine du lien de l'homme au monde[41] et montre comment un monde neutre, dans lequel l'homme ne serait qu'un étranger, devient « *son monde* ». Ce n'est pas

---

[40] La science contemporaine pour étudier l'infiniment petit ou l'infiniment grand a été contrainte à remettre en cause les méthodes dont elle faisait usage. Riemann en a terminé avec la géométrie euclidienne, Heisenberg a montré la limite de l'objectivité, Popper a introduit l'idée de discours de vérité liée à la falsification possible du discours ; un discours non falsifiable devenant un discours métaphysique. Le quantisme a dû renoncer pour sa part à faire usage de la logique de la non-contradiction dans l'étude de la lumière. C'est en ce sens qu'Henri Ey est un penseur du XXe siècle dans sa capacité à remettre en cause les modèles théoriques.

[41] Elle reprend la réflexion philosophique à partir du dialogue de *Parménide* de Platon. Parménide soutenait que l'*être est.* Sans aller plus avant, sans expliquer comment l'existence se constituait. Platon lui en a fait le reproche. Husserl reprend cette thématique dans les *Ideen* et amplifie la réflexion platonicienne.

une simple reprise de l'hégélianisme ou du bergsonisme car elle introduit la dimension de *l'intentionnalité* pour définir ce qui fait l'existence. En fait, la phénoménologie retourne à l'origine des philosophies de l'existence, c'est-à-dire à Descartes. C'est Husserl qui propose cette filiation[42]. L'union de l'âme et du corps produit la 3e substance et introduit le sens dans le monde, ce qui nous oblige à penser l'homme comme une *intention* ou *visée.* Dès lors, la science de l'homme ne peut plus être calquée sur les sciences lourdes. Ce qui manque, nous dit-il, à la philosophie, c'est de s'être constituée comme une science. Avec la phénoménologie, le moment de poser cette question est venu. Ce faisant, la phénoménologie participe de la critique générale des sciences, au même moment, G. Bachelard interroge les limites du savoir scientifique et met l'accent sur les *obstacles épistémologiques.* La phénoménologie affirme qu'on ne peut plus penser le devenir humain sur le principe d'un discours objectif car l'unité de mesure de ce savoir n'est plus exclue mais inclue, cette *unité de référence*, c'est l'*« intentionnalité ».*

La phénoménologie offre une réflexion épistémologique importante et nécessaire pour faire progresser les sciences de l'homme. Il y a dans l'approche phénoménologique du phénomène humain, une méthodologie toute nouvelle que Husserl appellera la *réduction.* Elle introduit aussi la question de la communication des consciences car après Hegel et Bergson la question de la subjectivité et de l'individualité a surgi dans le discours philosophique. Le problème de l'*individuation* devient le problème à résoudre.

[42] C'est ce qu'il affirme dans la présentation de la phénoménologie à la Sorbonne qui sera publiée sous le titre de *méditation cartésienne.*

« Ainsi la phénoménologie de Husserl nous apparaît-elle comme une garantie, et un guide indispensable à l'étude que nous allons entreprendre »[43].

La doctrine phénoménologique

La phénoménologie a permis de penser l'homme *incarné* dans le monde. C'est à ce titre qu'elle est révolutionnaire tout en étant complémentaire de la philosophie bergsonienne. Husserl insiste sur cette parenté, il affirme que toute phénoménologie devrait se dire bergsonienne ! Toutefois, le projet phénoménologique est de comprendre la subjectivité et la communication des subjectivités et non le monde subjectif singulier, sans oublier qu'elle interroge le rapport au monde physique et non à la pulsion. Là sont les deux ruptures avec la psychiatrie.

« Cette "réflexion" du mouvement de la conscience vers son propre fondement qui est comme un rythme de la phénoménologie husserlienne où alternent ses pulsations entre mâles "rentrées en nous-mêmes" et les "sortes de soi", entre l'idéalité et la réalité, entre le "donné" et le "pris" de l'existence, est pour nous très éclairante et vivifiante. D'autant plus que contrairement à certaines exégèses ou interprétations elle nous paraît plonger dans l'infrastructure de l'être tout autant qu'elle s'élance vers son idéalité. Husserl n'est pas, quoi qu'on en ait dit, si différent de Bergson si on les prend eux-mêmes dans leurs œuvres plutôt que chez les zélateurs ou commentateurs. Nous n'aurions peut-être pas osé faire état de nos propres réflexions sur ce sujet vertigineux si nous n'avions pas trouvé exprimée avec un rare bonheur (dans le chapitre que Merleau-Ponty, peu de temps avant sa mort, a consacré

---

[43] H. EY, *La conscience*, Éditions Desclée de Brouwer, Paris, 1983, p. 65.

dans "signes" au "Philosophe et son ombre") cette aspiration de la "phénoménologie" vers l'ombre portée par sa propre lumière. C'est que "ce qui résiste en nous à la phénoménologie – l'être naturel, dit Merleau-Ponty – ne veut pas demeurer hors de la phénoménologie et doit – comme Husserl l'entendait – avoir placé en elle". »[44]

Le fondement de *l'incarnation* de l'homme dans le monde se trouve dans l'affirmation du lien très étroit entre la conscience et son objet. Le monde est *objet de la conscience.* Sans la constitution de l'objet de conscience qui est investi par l'intention consciente et qui n'est déjà plus seulement un objet du monde, au sens physique du terme, il n'y aurait pas de conscience. Une conscience pure est impensable comme une conscience, produit des phénomènes de la nature, est tout autant impensable. Elle est *transcendantale.* Que serait une pensée non actualisée ? Husserl est dans la droite ligne du kantisme, un concept sans objet est aveugle et un objet sans concept est muet. Une pensée qui ne serait pas encadrée par l'expérience ne pourrait pas être considérée comme une pensée car la pensée est toujours tournée vers l'action. La pensée sert à penser le monde. La pensée est un acte, une action au sens bergsonien. Qu'est-ce que penser ? Penser ce n'est pas seulement ordonner, hiérarchiser, c'est aussi construire l'objet de perception qui pourra devenir objet de la pensée et entrer dans l'ordre symbolique de la pensée. Penser c'est construire la médiation possible entre la conscience et elle-même. C'est la fonction de l'*objet de conscience*. Penser c'est introduire de l'intention dans le monde. La phénoménologie explore la constitution de l'humain qui s'extirpe du monde pour entrer dans son monde. C'est le sens qu'il faut donner à la conscience qui est toujours *conscience de quelque chose*. Cette thèse propose un

[44] Henri Ey, *La Conscience*, éditions Desclée de Brouwer, Paris, 1983, p. 65.

nouveau cadre : la conscience, la pensée, le sujet et le monde sont indissociables les uns des autres et entrent dans le phénomène de conscientisation. La conscience est le processus qui différencie et lie l'homme à son monde et le monde à l'homme pour n'en faire que les deux versants (subjectif et objectif) d'un même processus.

La méthode élaborée par les phénoménologues pour mettre en évidence cette production s'appelle la réduction *eidétique* et *noématique.* Cette réduction permet d'aller à l'origine même de la constitution de la perception dans la pure intuition de la rencontre primordiale avant que ne s'opère la séparation entre monde subjectif et monde objectif qui n'est en fait qu'une simple habitude mentale dépourvue de toute réalité ontologique. De fait, Husserl réordonne le problème ; il y a d'abord une pure intention qui sépare deux positionnements, un positionnement objectif (la perception) et un positionnement subjectif (le vécu), c'est le processus de conscientisation qui s'achève dans la synthèse d'une conscience réflexive qui rassemble ce qui a été différencié dans une première approche. C'est parce que l'intention est originaire que le monde est monde de sens. La conscience constituante permet d'unir dans un même processus le sujet et son monde et rend possible la rencontre du sujet et du monde. L'objet *monde* constitué et repéré par la conscience devient un objet possible de sens. Avec Husserl, le monde lui-même est un monde de sens qui vise l'acte humain dans son originalité première comme prise de pouvoir sur ce monde et accaparement du monde. En ce sens, la phénoménologie achève la question laissée en suspens par Descartes.

L’être : le moment où s’origine la série de la subjectivité

C’est le fin mot de la réflexion phénoménologique : l’être n’apparaît qu’en se limitant dans son être qu’il n’est pas et qu’il est. Il se limite en s’instituant sur l’horizon de son autre et c’est en constituant cette démarcation entre lui et son autre qu’il se constitue en s’instituant comme l’origine d’une série qui dès lors est une série limitée et qui peut produire de l’ordre. L’être est une série ordonnée et structurée et comme telle possédant une hiérarchie qui est son ordre et qui constitue sa normalité.

La série de l’être ne peut pas se penser autrement qu’une simple modalité du non-être, ce qui permet de penser que cette série est infinie dans ses possibilités car l’horizon est lui-même inépuisable comme pure donation présente dans l’intuition et qui n’apparaît qu’en s’éloignant. Il y aura toujours une absence dans l’être car son fond est inépuisable.

Il ne suffit pas de mentionner cette dimension pour penser en terminer avec les problèmes que pose la phénoménologie. Le premier de ces problèmes est de savoir s’il est possible de penser l’instance qui à la fois possède la faculté d’être dans le non-être et dans l’être qui est à la fois ce qui constitue la perception et la condition de la perception. L’être ne peut plus se penser comme un ensemble homogène, il ne peut se penser qu’au travers d’une multiplicité de plans qui sont en relation tout en conservant, chacun, sa propre loi. Le sensible devient une notion proprement polysémique qui ne peut se penser que relativement à l’origine qui constitue sa propre série. La sensibilité est un fait physiologique en même temps qu’elle est un fait d’intention qui lui donne une qualité. Le problème devient celui de la rencontre des séries. L’être rend possible la rencontre, il commensuralise les différents champs possibles qui possèdent chacun leur propre vie et ne peuvent pas se rencontrer.

Le problème de la rencontre devient le moment essentiel de toute recherche pour que soit constituée la possibilité de toutes les séries de l'*objectité.* C'est le moment de la rencontre du sensible originaire et du sensible perceptif. Comment la donation peut-elle se produire ?

De l'intention à la volonté : la constitution de l'être singulier

Le sujet n'existe pas en tant que tel comme un être idéal et pontifical, il apparaît dans le champ du devenir de la conscience comme celui qui retient le processus au travers des facultés de l'esprit. Le sujet est celui qui s'actualise dans la conscience réflexive et reprend le processus selon les catégories de la raison et les facultés sensibles. Le sujet existe il est le processus même de conscientisation, il est le point de rencontre de l'intuition et de l'être physique (pensée et sensibilité), celui sans qui le *corps* ne pourrait pas devenir *chair.* C'est l'expérience fondatrice commune qui fait que la rencontre des subjectivités devient possible.

Le sujet est multiple, il n'est pas simple. Le sujet suppose aussi le sujet subjectif, celui qui actualise selon les modalités de l'être singulier ayant sa propre trajectoire. Le sujet intentionnel n'est pas le sujet des volontés particulières qui actualisent en un *ici et maintenant* le processus intentionnel et permet la constitution de l'objet de conscience singulier qui n'est pas l'objet de conscience en général. Husserl a pour cela une formule explicite : les *ontologies particulières*[45].

Henri Ey mentionne deux autres phénoménologues qui chacun à leur manière apporte une perspective intéressante pour la psychologie qu'il cherche à constituer. Il s'agit de Heidegger et de Merleau-Ponty.

Heidegger

Heidegger[46] insiste sur la notion de *Dasein* qui signifie l'*être là.* Cette formule quelque peu obscure est le cœur de

---

[45] Husserl soutient que sa doctrine pourrait servir à constituer une véritable psychologie qui serait en même temps une psychologie scientifique. C'est, en effet, dans la rencontre entre l'intention originaire et la volonté singulière que se pose le problème de la constitution de l'objet de conscience, à la fois objet singulier et intelligible. Nous verrons que cette idée est reprise dans la formulation de la maladie chez Henri Ey. Husserl tente dans le cadre de la constitution d'une « *unité universelle des sciences s'élevant sur un fondement absolu* » et dans le cadre d'une recherche d'objectivité, de réfléchir sur la notion de subjectivité afin d'en terminer avec le statut d'une psychologie naïve et donner à la psychologie un véritable statut scientifique. « *On ne trouve dans la donnée immédiate (de la conscience) rien de ce qui, dans la psychologie traditionnelle, entre en jeu, comme si cela allait de soi, à savoir : des data-de-couleur, des data-de-son et autres data de sensation ; des data-de-sentiment, des data-de-volonté, etc. Mais on trouve ce que trouvait déjà Descartes, le "cogito", l'"intentionnalité", dans les formes familières qui ont reçu, comme tout le réel du monde ambiant, l'empreinte de la langue : le "je vois un arbre, qui est vert ; j'entends le bruissement de ses feuilles, je sens le parfum de ses fleurs, etc." ou bien "je me souviens de l'époque où j'allais à l'école", "je suis inquiet de la maladie de mon ami", etc. Nous ne trouvons là, en fait de conscience, qu'une "conscience de"* ». Husserl, *La crise des sciences européennes et la phénoménologie transcendantale*, Gallimard, 1976, p. 262.

[46] Henri Ey fait référence à Heidegger dans son ouvrage sur la conscience car Heidegger est celui qui a soutenu « *que l'être, le paraître*

sa philosophie. Elle signifie que l'être est son propre sens qu'il n'y a plus de distinction à faire entre l'*être* et le *paraître.* L'être est mondain, il se donne son propre sens parce qu'il est fini. Il est avant tout un *être pour la mort.* Il n'y a de sens qu'historique au sens collectif comme au sens individuel avec l'idée qu'il n'y a pas de sens transcendant. Le sens s'invente au fur et à mesure du devenir collectif ou singulier. Heidegger partage avec Husserl l'idée de la communication des consciences. Tout sens devient relatif, il n'existe pas de plan objectif d'être, tout devient horizontal. Le *Dasein* exprime la modalité d'être au monde comme ouverture permanente à son monde et à lui-même.

« L'analytique "existentiale" montre que le "Dasein" (contrairement à la chose "bloquée dans son être") se caractérise par son incertitude et ce sont les modalités de son existence qui constituent son essence. C'est là l'idée centrale de l'anthropologie existentielle. Ce "Dasein" se présente toujours comme un moi, c'est-à-dire une certaine manière de prendre parti pour ou contre certaines possibilités. De telle sorte qu'être Moi comporte nécessairement une possibilité d'être contre Moi. D'où les deux perspectives fondamentales de l'être authentique ou de l'être inauthentique dont l'existence ordinaire est le mode habituel »[47].

Merleau-Ponty : La médiation du sensible

Il revient à Merleau-Ponty d'avoir précisé la notion de la médiation du sensible dans la communication de soi à soi mais aussi de soi aux autres. Rappelons que dans la phénoménologie husserlienne, ce qui est essentiel, c'est la

---

et le sens, constituent une sorte d'unité indivisible derrière laquelle il ne peut rien y avoir ». La conscience, p. 67.

[47] Henri Ey, *La Conscience*, éd. Desclée de Brouwer, Paris, 1983, p. 67.

constitution de l'*objectité* et non plus l'*objectivité*. Cependant, si Husserl pose bien la question de l'origine par la *réduction*, Merleau-Ponty interroge l'origine à partir de l'acte perceptif qui est, pour lui, le véritable acte originel. Il y a dès lors un risque que cette origine soit pensée comme l'*être* et ce qui est au-delà de l'origine comme le *non-être*. Si cela était, alors la phénoménologie prendrait le risque d'être identifiée à une métaphysique, ce qui lui ferait reprendre le chemin de l'idéalisme. Elle ne sortirait pas des cadres de cette sorte de pensée qui constitue la primauté de l'être dans une dialectique qui va de l'être au non-être. C'est contre ce risque d'une possible dérive métaphysique de la phénoménologie que Merleau-Ponty interroge le réel comme un *il y a* qui ne puisse pas être confondu avec l'*objectité*. Il y a pour tout commencement une donation que l'on saisit dans l'intuition originaire. Quelque chose nous est donné initialement qui n'est pas l'objet car l'objet est toujours objet d'une visée. Cet originaire ne peut pas se confondre avec le monde du *cogito*, il n'est pas un *il y a* qui attendrait de prendre sens dans un *cogitatum*. Ce monde visé dans la donation n'est pas le monde sensible, il ne coïncide jamais avec le champ du sensible qui est déjà *visée*. De fait, l'originaire se dédouble car la chair se confond avec le sensible tout en excédant le sensible mais elle n'est pas constituante du sensible. Pour parler à la manière de Merleau-Ponty, on pourrait dire qu'il existe un chiasme entre le sensible et la donation en chair : le sensible contient cette donation car il en est la source mais en même temps la donation contient le sensible comme l'une de ses modalités. Merleau-Ponty peut mettre en place son concept de *chair* dans la mesure où il désigne « *le sens d'être de l'Être en tant qu'unité archétypale du sensible et la donation en chair, du perceptif et de l'intuitif* »[48], de fait, le sensible

[48] Renaud Barbaras, *Le tournant de l'expérience*, éd. Vrin, Paris, 1998, p. 88.

renvoie à ce qui n'est pas le sensible mais qui est donné dans une intuition et au sensible comme perception qui est une de ses modalités, dès lors, et c'est ce qui nous apparaît comme essentiel, le sensible échappe au *principe d'identité* car il contient sa propre négation. Le sensible n'est lui-même qu'en étant plus vaste que lui-même. Merleau-Ponty résume cette perspective en affirmant dans *Le Visible et l'Invisible*, que *« voir c'est toujours voir plus qu'on ne voit »*. Toutefois, ce regard jeté sur le sensible ne peut pas être visible, il est une présence, un peu comme une présence absente, l'autre du sensible perçu. On ne peut plus penser l'être comme ce qui s'oppose à un non-être et qui arriverait sur une scène sans qu'on comprenne les liens qui unissent la scène et l'avant-scène ou plutôt la présence de la scène et la coprésence de l'autre de la scène qui participe de la structuration, de la mise en scène. L'être n'apparaît pas en s'opposant mais en se constituant d'une manière structurante et hiérarchique sur fond de sensible ou de non-être qui se maintient comme son autre. C'est cet entrecroisement qui est constitutif de l'être, entrecroisement entre l'être et le non-être dans une dynamique qui n'épuisera jamais cet inépuisable autre que l'être. Le réel perçu apparaît comme une concrétion produite par l'appareil sensible et investi par l'intentionnalité de la conscience. Merleau-Ponty dans un inédit notera qu'au lieu « *de dire : être perçu et perception, je ferais mieux de dire : être brut ou sauvage et fondation* »[49]. C'est pourquoi il donne le mot de « *chair* » au lieu de « *corps* » car le « *corps* » est déjà institué et contient son autre non institué qui est la « *chair* ». Le « *corps* » est bien subjectivité mais la subjectivité est le moment constitué et fait toujours signe vers cet autre dont elle se nourrit et qu'elle signifie à son horizon. Les

---

[49] Renaud Barbaras, *Le tournant de l'expérience*, éd. Vrin, Paris, 1998, p. 93.

catégories classiques ne peuvent plus fonctionner pour dire cet être qui s'installe sur fond de l'autre avec lequel il est lié comme ce qui le déborde de toute part et dont il se nourrit. L'être n'apparaît que sur fond de non-être qu'il est aussi et dont il s'échappe. C'est cette expérience originaire dont parlera Heidegger en introduisant la dimension du *dasein : l'être là, le Un* qui s'institue et produit sa propre série en produisant sa propre loi.

Intérêt de la phénoménologie pour Henri EY

La phénoménologie introduit l'idée qu'il est possible de constituer une véritable science de l'homme à condition de repenser les méthodes explicatives. Cette science ne peut pas être la science de l'homme mais la science de la constitution de l'existant ; une science dont l'objet n'est plus l'homme mais la science des rapports de l'homme à lui-même, aux autres et au monde. Car l'homme apparaît dans sa relation spécifique à lui-même, aux autres et au monde. Si les sciences de l'homme sont dans l'impasse, c'est qu'elles cherchent à penser l'homme comme une essence au mieux ou comme un simple phénomène naturel au pire.

La découverte fondamentale est que le monde n'est plus un objet neutre, il est en lien direct avec le sujet qui le constitue et qui se constitue en le constituant. Dès lors, le monde doit être pensé comme le signe de l'être devenant humain. En sa qualité de psychiatre, Henri Ey ne pouvait que s'emparer de cette idée car elle est éclairante pour comprendre les pathologies mentales. Le *monde* est le lieu où s'exprime un sujet et où le sujet tente de se donner à lui-même et aux autres. Le monde est l'image de la conscience, il en est son champ.

La phénoménologie envisage la possibilité qu'une science de la singularité car ce qui est premier, ce n'est pas l'homme mais la singularité dans son universalité. L'homme et l'individu deviennent des moments de l'existant. La phénoménologie permet de penser les ontologies particulières. Toutefois, ce qui manque pour Henri Ey à la phénoménologie est de n'avoir pas pensé que le socle de l'homme est pulsion. La maîtrise de la pulsion permet de mettre en lien le rapport de l'existant au monde, aux autres et à lui-même.

La phénoménologie a mis à jour l'activité essentielle de la conscience avec son corollaire l'activité du sujet. À moins d'ignorer ces avancées sur la conscience, aucune science qui traite de l'humain ne peut faire comme si l'activité de la conscience n'était pas au cœur de la vie de l'humain. La psychanalyse doit être repensée et éclairée par ces nouvelles données. La psychanalyse ne peut en aucun cas être rejetée, son apport au plan de la connaissance de l'inconscient et de sa place dans la vie singulière est indéniable. Il faut donc concilier ces deux sciences et remettre la psychanalyse en accord avec les nouvelles approches en matière de science de l'homme. Une telle clarification rendrait possible la constitution d'une science psychiatrique dans la mesure où l'ontologie constitue l'anthropologie ; la constitution de l'être institue la possibilité d'un étant qui est l'actualisation *hic et nunc* de cet être qui se déploie dans un temps et un espace inconditionné. Ceci renvoie, en même temps, à la thématique bergsonienne.

On comprend pourquoi Henri Ey souligne dans toute son œuvre et plus particulièrement dans son ouvrage sur la conscience l'importance des *ideen*, texte qui pour lui est fondateur de la nouvelle science de l'homme. Husserl repense les catégories du réel, du subjectif par rapport au processus de conscientisation et comme moment de ce processus. Cette idée pose le réel comme l'autre de la conscience et enfin relie l'homme à son monde. Le réel n'est pas un donné, la méthode husserlienne de l'*épochè* est un outil spécifique aux sciences de l'homme. La psychiatrie ne pouvait que s'emparer de cette découverte qui mettait fin au mystère de la présence de l'homme dans le monde. Le monde n'est pas l'objet scientifique que l'on perçoit, il nous révèle à nous-même comme l'autre de nous-même. De plus, la thèse phénoménologique permet de trouver une réponse à la distinction entre le collectif *on* et le singulier *je*. Husserl décrit le processus de constitution du monde subjectif. Le monde est objet de conscience, il entre dans le processus de subjectivation qui est la seule « réalité ». En même temps que ce processus ontologique constituant se produit, un autre processus se produit : le processus de subjectivation singulière. Ce dernier point n'est véritablement développé que par la psychiatrie *organo-dynamiste.* Toute constitution du réel est en même temps constitution collective et constitution singulière. L'intentionnalité renvoie toujours à cette double perspective d'une intention qui est la modalité d'être de toute conscience et en même temps une intention qui est la modalité d'être singulière.

« L'être de la conscience est un être impliquant et impliqué qui n'est pas celui des choses, c'est un monde de valeurs et de liens propres (les horizons temporels du présent sont bien plus richement décrits, notamment ce sont toutes ces "apparitions", ces data, ces actes et tous les états multiformes de l'affectivité et de la volonté que l'on peut englober dans l'objet du "cogito" en tant que forme

fondamentale de toute vie actuelle) »[50].

Ces remarques permettent de comprendre comment Henri Ey s'approprie le travail thématique husserlien. Il met en évidence la confrontation entre le *Cogito* qui prend acte de ce qui est irréfléchi pour lui en tant que *cogitatum* et ce qui n'est pas un objet car appartient au monde dont la conscience ne s'est pas emparée. Cette confrontation délimite le *monde naturel* et le *monde de la conscience.* Ce qui permet de conclure que le monde naturel et le monde de la conscience sont totalement distincts et ne peuvent pas répondre aux mêmes lois. Cette perspective permet de penser le monde comme une thèse et non plus comme un donné. On comprend toute la richesse explicative qu'un psychiatre peut retirer de ces analyses et notamment permet de refonder la psychanalyse comme une véritable science et mettre en lumière les multiples thèses possibles du monde. Poser le monde comme une thèse et non plus comme un donné externe permet de rendre compte de faits qui pouvaient jusqu'alors paraître inexplicables comme les manifestations hallucinatoires. Les comportements sont des thèses, c'est-à-dire des combinatoires possibles de sens qui toutes renvoient à l'acte constituant de la conscience.

Henri Ey fait l'éloge de la phénoménologie en général mais regrette son incapacité à pouvoir rendre compte de la notion d'individuation si essentielle pour un psychiatre. « *La phénoménologie transcendantale en réduisant la conscience psychologique à une conscience pure anéantit-elle toute "psychologie de la conscience" ? Quel intérêt peut avoir, pour le problème psychologique de la structure de la conscience, la phénoménologie de la "conscience*

[50] Henri Ey, *La Conscience*, éd. Desclée de Brouwer, Paris, 1983, p. 57.

pure ?" »[51]

De fait, la phénoménologie constitue une psychologie transcendantale, condition de possibilité de toutes les psychologies particulières. La psychologie transcendantale est la science de la conscience se constituant comme phénomène. Elle permet d'affirmer le sens du monde. Elle a mis à jour les lois qui président à la constitution de ce sens et en conclut que le monde pour avoir du sens se constitue dans un cadre organisé et hiérarchisé. Le sens ne peut se produire que dans un système orthonormé, entre deux limites. Les limites d'un monde de sens sont la pure intention et la matière première. Si bien que la vie de la conscience n'est pas une vie de tous les possibles mais qu'elle est structurée et hiérarchisée. C'est ainsi qu'un champ de conscience se constitue rendant possibles l'expérience commune et la communication des consciences. Cette idée, on la trouve dans les paragraphes 53 et 54 des *ideen* de Husserl. Husserl avant même de penser la conscience comme une essence pure rappelle qu'elle est d'abord, et il y revient systématiquement, une réalité et que la conscience doit toujours être pensée comme une organisation structurale. « *Ainsi la phénoménologie de Husserl nous apparaît-elle comme une garantie et un guide indispensable à l'étude que nous allons entreprendre. Cette "réflexion" du mouvement de la conscience vers son propre fondement qui est comme le rythme de la phénoménologie husserlienne où alternent ses pulsations entre les "rentrées en nous-même" et les "sorties de soi", entre l'idéalité et la réalité, entre le "donné" et le "pris" de l'existence, est pour nous très*

[51] Henri Ey, *La Conscience*, éd. Desclée de Brouwer, Paris, 1983, p. 62.

éclairante et vivifiante. »[52]

La réflexion husserlienne rejoint l'intuition eyienne selon laquelle il faut en terminer avec le principe de non-contradiction qui est porté très haut par la phénoménologie. Husserl, en repensant les relations entre le monde et la conscience en faisant du monde le *cogitatum* d'une conscience, n'oppose plus l'objectif et le subjectif, le monde extérieur et le monde de la conscience. Les distinctions ne sont plus des oppositions mais des perspectives. L'être n'est pas, il est *se constituant*. Si bien qu'il ne s'oppose plus au non-être. Husserl remet en cause la logique parménidienne du principe de non-contradiction qui posait la seule existence de l'être et délimitait comme non existant ce qui n'était pas de l'être. Avec la phénoménologie, cette séparation n'a plus sa raison d'être. L'être devient l'objet d'une conscience, il est visé comme objet de conscience mais ne s'oppose plus à l'être qu'il est. Cet être n'est plus du néant et l'être de la conscience est un possible de l'être en général et ne possède pas plus d'affirmations que l'être donné dans l'immédiateté de l'intuition. La phénoménologie invite à penser le monde comme une inflexion possible de l'être du côté de la conscience. La notion d'être même est remise en cause, car l'être est toujours un *cogitatum*, il est constitué par une conscience. Ainsi, toute la pensée métaphysique qui opposait l'être et le néant s'effondre et permet de penser le réel non plus en opposition à ce qu'il ne serait pas mais au regard de ce qui le constitue comme réel. Le réel est relatif à une conscience, il ne s'oppose ni en droit ni en fait à quelque chose d'autre. Le repérage selon les oppositions est donné dans le système de sens de la conscience et lui est relatif. Nous ne pouvons plus penser le réel comme ce qui

---

[52] H. Ey, *La conscience*, éd. Desclée de Brouwer, Paris, 1983, p. 65.

est de l'ordre de l'être absolu mais simplement comme le *cogitatum* d'une conscience, l'objet constitué qui rend possible l'émergence du sens. Le réel est arrachement au « *monde naturel* », il ne s'oppose plus à lui. N'est-ce pas comme cela qu'il faut comprendre la remarque d'Henri Ey rappelant que le *Sophiste* de Platon était le texte le plus important de la philosophie ? Dans ce dialogue, Platon n'a de cesse de mettre à mort Parménide en pensant le réel non plus comme ce qui surgirait hors du néant mais comme une combinatoire harmonieuse. Nous sommes au cœur du problème et ce cœur est celui de toute la psychiatrie : la psychiatrie ne peut se constituer que si et seulement si le réel est un espace de sens dont le sujet du sens est la conscience, à ce moment-là, le monde devient un objet intentionnel, condition *sine qua non* pour que tout comportement devienne signifiant. Cette fondation de sens ne peut se produire que si on met à jour la condition de tous les sens : la conscience comme condition même du sens, c'est-à-dire, pour la psychiatrie, du repérage entre l'ordre de la pulsion et l'ordre des corps. Seulement à ce niveau de réflexion, on ne peut plus faire usage des mêmes concepts, une redéfinition de tous les concepts relatifs à cette constitution du sens est nécessaire.

Platon

Les questions que nous venons de mettre en avant lors de la lecture eyienne de la phénoménologie renvoient toutes au problème central déjà posé chez Platon, celui de l'usage du principe de non-contradiction. Platon reproche à Parménide d'avoir réifié l'être dans sa formule *« L'Être est le non-être n'est pas »*. Comment est-il possible de constituer une distinction logique faisant usage du principe de non-contradiction pour aborder la question de l'être en devenir ? Cette distinction logique deviendra l'obstacle majeur pour la pensée de l'être. Elle le fige dans une catégorie mentale, elle l'abstrait, elle le sort de son champ. Platon a perçu la limite d'une telle formulation. Il interroge la validité d'une telle formule d'abord dans son dialogue du Parménide : *« si l'être est alors... »* et il explicite sa critique dans le dialogue du *Sophiste* dans lequel il montre clairement son désaccord avec la pensée parménidienne. Platon y oppose la dialectique à la pensée binaire de son maître spirituel. Malheureusement, Platon hésite à accomplir le parricide qu'il aurait dû accomplir. C'est ce geste parricide qu'Ey reprendra à son compte. C'est pourquoi on ne peut pas comprendre Henri Ey sans mentionner le dialogue platonicien du *Sophiste*. La question de l'homme déjà formulée et constituée par une tradition philosophique émergente. Elle se présente sous la forme d'un questionnement sur l'*être*. La réponse la plus connue est celle de Parménide qui initie l'idée d'un être Un et pontifical : « *l'être est, le non-être n'est pas* ». Parménide s'oppose à Héraclite pour qui l'*être* comme toute chose est écoulement : « *tout s'écoule* ». Dans l'une comme dans l'autre perspective, les réponses sont des impasses. D'un côté, rien ne peut être dit de l'*être* sinon poser son existence, de l'autre, toute parole sur l'*être* s'évanouit dans la fuite du temps. Comment retenir l'*être* et le penser dans la temporalité ? Platon propose une voie différente, celle de la dialectique qui constitue l'*être* comme un devenir. L'*être* n'est ni statique ni dans le temps, il est devenir. C'est en ce sens que pour Henri Ey ce dialogue est le tournant même de la philosophie, la sortie de l'impasse dans laquelle elle entrait et que Platon prévoyait si le parricide contre son Maître Parménide n'était pas accompli. Ce dialogue rend compte du meurtre de Parménide qui est le premier philosophe à avoir focalisé la réflexion philosophique sur l'*étant* sans avoir interrogé la constitution même de cet *étant*. Mais cet *étant* n'est-il pas le *cogitatum* du *cogito* des phénoménologues ? L'*étant* est la forme présente d'un processus toujours en transformation. Occulter ce processus interdit de comprendre l'*être* comme un devenir et lui ôte toute possibilité de devenir le sujet de lui-même en ne s'appropriant pas le temps. L'*être* est *temps.* L'ontologie n'est pas dépassée bien au contraire car c'est en interrogeant les conditions de la constitution du réel que l'*être* apparaît dans toute sa dynamique structurante et inachevée. L'*être* n'est pas, il est un devenir toujours inachevé. Cette évidence suppose une conversion de la pensée, une critique des outils logiques pour parler de l'*être.*

Il revient donc à Platon d'avoir mis en garde contre cette dérive de la pensée qui allait enfermer le discours sur l'*être* dans des schémas réifiant, abstrayant. Platon propose l'outil dialectique pour éviter de tomber dans les impasses.

« Ce que, nous dit Socrate, dans ce dialogue qui est un des points culminants de la pensée humaine, le non-être n'est pas moins que l'être. »[53]

Il existe un rapport étroit entre l'être et le non-être. On pourrait se risquer à dire que l'être est un être pour soi, au sens du *Dasein* heideggérien, en ce sens qu'il ne peut devenir *pour soi* qu'en s'arrachant à ce qu'il est sans être. Ce, *« ce qu'il est »*. Il n'est pas encore cet être pour soi car il n'est pas dit comme tel, il n'est pas structuré, n'ayant pas constitué son ordre. Cet être dont il est question et dont il s'affirme pour se posséder, pour avoir un être, est le non-être, l'indicible ou ce qui ne parvient pas à se dire clairement. C'est, tout bonnement, l'inconscient des psychiatres. Cet inconscient ou ce non-être déborde de toutes parts l'être et le menace même dans sa constitution toujours fragile et jamais achevée. Henri Ey mentionne cela

[53] Henri Ey, *L'Inconscient*, *VIe colloque de Bonneval*, éd. Desclée de Brouwer, 1978, p. 13.

clairement, dans ses prolégomènes au colloque de Bonneval sur l'inconscient.

« *Tout ce que l'on peut lire, me semble-t-il, dans le* Sophiste, *sur l'être du non-être, peut s'appliquer à l'inconscient.* »[54]

L'inconscient est la possibilité de la constitution de l'être-conscient. La conscience émerge de cet inconscient en tentant de se l'approprier pour en faire son « avoir ». Cet avoir se donne dans une structuration symbolique qui est celle du langage. L'inconscient ne se dit pas, il ne parle pas, il n'est pas un langage mais il est le terreau à partir duquel se structure un système de relations symboliques. Le conscient est dans cette possibilité de donner sens à un inconscient et par là même à faire de cet inconscient dicible, l'avoir même de l'être. Chacun a un inconscient, il est son champ du possible qui se donne à penser en se structurant mais qui dans son fond n'est jamais pensé. L'être en faisant parler le non-être devient le sujet de son champ, son espace subsumé sous le langage.

« *Ce n'est pas l'Inconscient qui est structuré comme un langage, c'est le devenir conscient qui est langage pour autant que le Sujet y parle, mais en laissant au fond de lui-même un reste, une opacité qui ne figure que métaphoriquement dans le discours qu'il se tient à lui-même* »[55].

---

[54] Henri Ey, *L'Inconscient, VIe colloque de Bonneval*, éd. Desclée de Brouwer, 1978, p. 13.
[55] Henri Ey, *L'Inconscient, VIe colloque de Bonneval*, éd. Desclée de Brouwer, 1978, p. 13.

Apport de la pensée platonicienne

C'est le geste parricide qu'Ey reprendra à son compte : on ne peut pas comprendre l'homme si on n'interroge pas les représentations mentales qu'on constitue en parlant de l'homme. Il y a un travail à faire sur cette approche qui ne fait que substantifier ce qui est un devenir. Cette approche apparaît comme la résonance du dialogue du *Sophiste.* Platon reproche à Parménide d'avoir enfermé la question de l'homme dans l'opposition catégoriale de l'*étant* et de l'*être.* Cette opposition est réductrice car elle ignore le *devenir* qui est la seule façon de pouvoir aborder la question de l'homme. Il est indéniable que pour la pensée, l'*étant* se dit sous la forme de l'*être*, objet mental figé, faire de cet objet mental une réalité, n'est-ce pas l'erreur principielle ? Certes, l'*être* est la condition de toute pensée mais l'être réel est devenir, il est mouvement, transformation, reprise, évitement, etc. il n'est jamais égal à lui-même. L'*être* est lui-même et autre que lui-même. Il est un devenir jamais achevé, forme actuelle toujours différente. Et pourtant, l'*être* en même temps est toujours tel qu'il est sans jamais être lui-même. C'est ce questionnement sur l'identité et la différence qui unit ces deux pensées. Dès lors, il est important de trouver un système logique qui ne réduise pas le vivant à n'être qu'un objet ou un écoulement permanent. Il revient à Platon d'avoir mis en garde contre cette dérive de la pensée qui allait enfermer toutes les pensées sur l'*être* dans un registre, soit anthropologique, soit substantiviste.

Le dialogue du *Sophiste* interroge le fondement de toute la pensée de l'*être* qui, dans une logique proprement dualiste, s'oppose au *non-être*. Or, si l'on sort de la logique de la non-contradiction, on voit apparaître un lien entre l'être et le non-être. On pourrait se risquer à dire que l'être est un être pour soi, au sens du *Dasein* heideggérien, en ce sens qu'il ne peut devenir *pour soi* qu'en s'arrachant à ce qu'il est sans être.

Avant d'aborder la théorie eyienne proprement dite, nous devons traiter d'une théorie qui l'a beaucoup influencée : la théorie des systèmes. Une fois encore quand on fait référence aux racines intellectuelles d'Henri Ey, on omet cette théorie alors qu'au moment où il élaborait sa théorie, c'est-à-dire dans la deuxième moitié du XXe siècle, la réflexion sur la multiplicité des systèmes en un milieu faisait débat.

La théorie des systèmes

Il n'est pas possible de comprendre la pensée eyienne si l'on fait abstraction de la *théorie des systèmes.* Cette théorie est l'outil privilégié des penseurs contemporains qui cherchent à constituer un savoir qui prenne en compte la totalité des informations possibles pour comprendre le phénomène humain. L'explication systémique se présente comme une explication ouverte afin de ne pas abstraire le phénomène de son contexte. C'est une démarche non métaphysique au sens eyien du terme (ne jamais faire d'un objet de pensée un objet réel).

Henri Ey propose une nouvelle direction de recherche, un nouvel outil d'investigation. Le monde humain est un monde ouvert qui n'existe que dans l'échange. Le normal se définit dès lors comme le moment de l'échange et le pathologique comme le moment de l'enfermement. Cette approche permet de parler de la forme du normal et non plus de son contenu, ce qui est une manière de sortir de l'impasse de la contradiction. Il n'y a aucun modèle humain préexistant, l'homme est un système d'échange, un système ouvert. Ce système le spécifie par rapport au monde physique qui est le monde qu'on définit souvent comme *partes extra partes*. L'homme est échange. Cette idée, Henri Ey la doit certainement à la théorie des systèmes. Il y fait plusieurs fois allusion[56] et elle lui permettra d'affiner les outils conceptuels dont il a eu besoin pour mettre en place sa doctrine.

Quand Henri Ey interroge l'existence, il rencontre une constante. Il n'est pas possible de penser le vivant selon les modalités des sciences car le vivant est implication ou action en devenir. On ne comprend pas le vivant en mettant en évidence les liens externes entre les autres vivants comme on pourrait le faire quand on étudie les relations de cause à effet dans la nature. L'homme est une organisation finalisée qui suppose une intention, il est « *acte* ». L'homme est donateur de sens. Il ne peut donc pas être un effet dans une chaîne déterministe. Si l'homme est donateur de sens, il est à l'origine d'un processus, c'est ce que « *donner du sens* » signifie. Penser l'homme comme un donateur de sens implique que le système humain n'est pas un système fermé mais un système ouvert, qu'il doit collaborer avec son environnement pour que l'intention qui est la sienne s'incarne, s'actualise.

C'est pourquoi l'étude de l'homme suppose une remise en question de nos formulations et de notre manière de penser. Pour comprendre le nouveau système logique

---

[56] Henri Ey fait clairement référence aux travaux de Bertalanffy dans son *Traité des hallucinations*. « *Au cours de la discussion du modèle théorique proposé par L. von Bertalanffy, S. Ariéti a défini très heureusement les états psychopathologiques comme des "états de haute improbabilité qui sont soumis à une 'entropie' psychique négative provenant de l'extérieur du système". Ce n'est pas, croyons-nous, autre chose que ce que nous venons d'écrire en exposant cette première thèse* ». *Traité des hallucinations*, éd. Masson et Cie, Paris, 1973, p. 1176.

proposé par Henri Ey, il faut comprendre la théorie des systèmes.

La théorie des systèmes a été proposée par Bertalanffy. Elle est une des clés pour bien comprendre les limites de la logique mais aussi pour comprendre que la logique qu'on choisit n'est pas un choix anodin mais bien un choix idéologique. La logique qui sous-tend tous les systèmes de pensée est le cadre dans lequel sera proposée une représentation de l'homme. C'est en substance le parti-pris épistémologique de la théorie des systèmes. Parti-pris qu'Henri Ey fera sien.

La doctrine

La théorie des systèmes stipule que la science classique ne peut rendre compte que du monde de la perception, du monde qui est soumis aux règles et aux principes de la raison et de l'entendement. Les catégories, les notions et autres idées ne sont en aucun cas des données primaires de l'esprit mais la conclusion d'un processus de différenciation complexe. De fait, ce que Descartes posait comme fondement de toute connaissance, les *idées innées* ne correspondent qu'à la conclusion d'un raisonnement et à son expression dans le monde symbolique du langage. Les formes de la pensée conceptuelle sont, au sens premier, des abstractions ou des objets mentaux et ne peuvent avoir en aucun cas une valeur de réalité. Cela fait écho à la distinction leibnizienne entre les vérités de raison et les faits. Toutefois, il ne faut pas prendre ces notions et ces idées pour des abstractions sans importance ou sans valeur (qui n'auraient aucune influence sur la représentation qu'on se fait de la réalité) dans le processus d'humanisation. Les idées premières sont la condition d'organisation du monde symbolique et l'intégration du monde physique au monde psychique. Il s'agit là de tout un processus qui permet à l'homme de devenir acteur et créateur de son monde. Les idées premières que Descartes pensait originaires ne sont que des conclusions mais en même temps sont originaires au sens où elles conditionnent la suite des représentations avec ses jugements, ses présupposés, ses implications dans le monde en général[57].

Il s'agit pour la théorie des systèmes de mettre en évidence la différenciation qui se produit dans l'émergence de l'humain dans le monde. Pour plagier Simone de Beauvoir, nous pourrions dire que nous ne naissons pas humains mais que nous nous construisons humains. Bertalanffy explique que la science classique n'explique pas le monde, elle ne fait qu'expliquer comment nous en construisons sa représentation. Elle donne les règles de construction de la perception. La science met en évidence les conditions de la constitution du monde humain ou monde de la perception.

Cette analyse ressemble fort à la critique eyienne de la métaphysique selon laquelle nous avons une propension naturelle à faire des objets mentaux des objets réels. Il en est de même quand on aborde les organismes ou la personne. Nous avons un penchant naturel à décontextualiser l'organisme ou la personne, or, dans l'univers, tout est en interaction avec tout et rien ne peut être pensé isolément. Ce constat renouvelle la notion de la finalité ou la question du vitalisme. La finalité n'implique en aucun cas l'idée d'une transcendance ni n'affirme qu'il

---

[57] Aujourd'hui, on parlerait de *paradigmes* ou *prénotions*. La notion de paradigme a été mise en avant par Thomas Samuel Kuhn en 1962, dans son ouvrage sur *La structure des révolutions scientifiques*. Il s'agit de l'ensemble des principes et des méthodes qu'une communauté scientifique partage et qui est la référence implicite de toutes les recherches.

existerait un modèle qui donnerait sens à un système et sans lequel le système n'existerait pas. La notion d'*équifinalité* permet de reprendre ces notions. L'*équifinalité* exprime la tendance des organismes à parvenir à la fin pour laquelle ils existent même si les conditions initiales ou si le cours du processus a été altéré. L'état final n'est jamais modifié et l'actualisation de l'état final se produit par un processus dynamique interne. Ce qui permet à Bertalanffy de remettre en question un certain nombre de préjugés concernant cette finalité qui est une notion fortement contaminée par la métaphysique. Nous ne possédons aucun savoir qui nous permette d'affirmer à la manière de Descartes que la finalité naturelle est l'expression de la finalité divine.

*« Mais cette formulation générale est sans intérêt. Nous voyons tout d'abord qu'il est possible de donner une formulation physique à un concept de finalité apparemment métaphysique ou vitaliste ; comme il est bien connu, le phénomène d'*équifinalité *est le fondement des soi-disant "preuves" du vitalisme de Driesch. »*[58]

Dans tous ces systèmes règne l'*équifinalité*. Les systèmes, rappelons-le, sont tous des systèmes individuels. Il n'existe que des entités individuelles dans le monde. On les appelle organisme dans l'univers et *personnalités* chez l'homme. Mais tous ces systèmes sont avant tout et originairement des systèmes singuliers. C'est la singularité qui est originaire et non l'universalité qui n'est qu'une propriété logique. L'*équifinalité* signifie que le système possède des capacités régulatrices considérables pour pouvoir collaborer sans être mis en péril et disparaître.

[58] Ludwig von Bertalanffy, *Théorie Générale des systèmes*, éd. Dunot, Paris, 1976, p. 137.

L'homme est action

À partir de ces principes, la conception selon laquelle l'homme est un produit de son contexte disparaît. En effet, si le système de la personne est finalisé de manière interne, il est bien en relation avec son environnement mais il ne réagit pas à cet environnement, il l'adapte ou inter-réagit avec lui. Il ne se dissout pas en lui. Le Sujet existe car il construit son champ, il intègre son milieu et s'intègre à son milieu. Cela ne peut pas se faire sans un processus centripète au centre duquel se trouve le Sujet. Il n'y a que des sujets dans le monde car il n'existe que des singularités. Ces singularités sont des existences actives par définition. Exister, s'individualiser, s'extraire de l'indifférenciation première sont autant d'actions dont un sujet se constituant est à l'origine. Bertalanffy rejoint les thèses de Bergson qui soutenait que la conscience est un processus d'action et que l'homme est dans le monde dans la mesure où il fait du monde son outil.

« Le stimulus (un changement des conditions extérieures) ne cause pas un processus dans un système par ailleurs inerte ; il ne fait que modifier les processus dans un système actif autonome »[59].

Les sciences de l'homme telles qu'elles sont présentées sont obsolètes et l'affirmation de Foucault selon laquelle l'idée d'homme est une idée obsolète prend tout son sens. Bertalanffy travaille sur une critique épistémologique qui est proche de celle du système eyien.

[59] L. von Bertalanffy, *Théorie générale des systèmes*, éd. Dunot, Paris, 1976, p. 214.

La différenciation

La théorie des systèmes insiste sur l'idée de différenciation. La personne est un processus d'individuation. L'individuation est un processus qui fait d'un système indifférencié un système spécialisé organisé et hiérarchisé.

« *Où que se produise un développement, il procède depuis un état de relative globalité et de manque d'indifférenciation, vers un état de différenciation, d'articulation et d'ordre hiérarchique croissant* » (H. Werner, 1957b)[60]

Ey insiste, pareillement, sur le fait que la finalité du système de conscience est un processus de différenciation. Le système de conscience est un système qui se spécialise et s'organise comme tout système singulier en produisant sa propre finalité. Bertalanffy produit un travail épistémologique qui intéresse Henri Ey dans la mesure où il met l'accent sur des erreurs de logique qui encombrent les sciences de l'homme. La principale erreur consiste à ne pas comprendre qu'un système hiérarchisé et vertical ne peut être qu'un système singulier car la spécialisation sort de l'indifférenciation. Le système indifférencié dont s'extrait le singulier (l'individu) est un système horizontal constitué d'éléments interchangeables. Ce n'est qu'en se spécialisant que le système s'organise et spécifie ses constituants en les faisant aller de conserve et de concert en se hiérarchisant. L'unité ne préexiste pas au système, elle se constitue en même temps que se constitue le système lui-même. Cette thèse rejoint en grande partie les intuitions de la phénoménologie et notamment l'idée de Merleau-Ponty

[60] L. von Bertalanffy, *Théorie générale des systèmes*, éd. Dunot, Paris, 1976, p. 216.

selon laquelle l'individuation est un processus de différenciation par rapport à un état originaire qu'il appelle la *chair du monde*. L'intérêt de la théorie des systèmes est de mettre un point final à l'intrusion du discours métaphysique dans les sciences de l'homme. Elle soutient sans le dire expressément que les sciences de l'homme sont encore sous l'influence de la pensée métaphysique. Affirmer qu'il pourrait exister des processus externes qui produiraient des processus internes, c'est soutenir la théorie des idées de Platon selon laquelle le monde physique est le simulacre du monde des idées.

« Ainsi "moi" et "le monde", "esprit" et "matière", ou "res cogitans" et "res extensa" de Descartes ne sont-ils pas de simples données, des antithèses primordiales. Il s'agit de l'aboutissement d'un long processus dans l'évolution biologique, dans le développement mental de l'enfant et dans l'histoire culturelle et linguistique dans lequel celui qui perçoit n'est pas seulement un récepteur de stimulus où il crée son monde, au vrai sens du terme (par exemple, Bruner, 1958 ; Cantril, 1962 ; Geertz, 1962 ; Matson, 1964). L'idée peut être racontée de différentes manières (par exemple, G. Allport, 1961 ; Von Bertalanffy, 1964 ; Cassirer, 1953-1957), mais tout le monde s'accorde à penser que la différenciation surgit d'un absolu indifférencié de moi et d'environnement »[61].

Intérêt de la théorie des systèmes pour Henri Ey

On saisit tout ce que la psychiatrie peut tirer de ces thèses. Bertalanffy ne s'y est pas trompé. Dans sa théorie des systèmes, il écrit un chapitre consacré à « *la théorie*

[61] L. von Bertalanffy, *Théorie Générale des systèmes,* éd. Dunot, Paris, 1976, p. 217.

générale des systèmes en psychologie et en psychiatrie ». À l'aide de sa théorie des systèmes, il redéfinit la maladie mentale comme une *stratification*, un processus qui se ferme sur lui-même et se trouve dans l'incapacité de produire de l'échange ; comme une *régression* qui doit être définie comme une désintégration de la personnalité.

La théorie systémique appartient au courant de pensée qui remet en cause la pertinence d'un modèle scientifique valable pour toutes les sciences. La science de l'homme ne peut pas s'appréhender de la même manière que la science physiologique, la médecine, etc. C'est notre attitude mentale qui veut toujours unifier ce que nous devons subvertir. Nous savons maintenant que l'unité n'est pas homogène. Elle va aussi dans le sens de Foucault qui écrivait dans *Les mots et les choses* que l'idée d'Homme était une idée obsolète, au sens où une idée n'est qu'une abstraction et non une réalité. Cette approche est marquée par l'attitude métaphysique que condamne la thèse eyienne. Les modèles épistémologiques sont marqués par la science aristotélo-platonicienne selon laquelle on doit tout pouvoir expliquer selon le processus de la causalité qui fait de l'univers un ensemble statique. *« La causalité n'est pas une nécessité métaphysique mais un instrument pour ordonner l'expérience. »*[62]

Le fait de faire référence à Bertalanffy, pour Ey, n'est pas anodin, cela lui permet de mieux faire comprendre combien sa propre œuvre s'inscrit dans un courant général de pensée qui remet en cause les présupposés métaphysiques qui ne permettent pas aux sciences humaines de faire leur révolution copernicienne. En même temps, l'inertie intellectuelle qu'elles véhiculent est un obstacle. Elle donne

---

[62] L. von Bertalanffy, *Théorie Générale des systèmes*, éd. Dunot, Paris, 1976, p. 226.

une définition de l'homme inadéquate à la réalité singulière. S'il ne s'agissait que de construire des modèles théoriques, le danger ne serait pas bien grand, mais les modèles constitués trouvent leur application dans les thérapies, dès lors, ce sont les individus qui sont mis en danger. On peut se demander si la psychiatrie ne commence pas seulement avec la théorisation eyienne.

L’épistémologie eyienne

Fort de toutes ces informations et indications, léguées par Henri Ey lui-même, nous pouvons envisager de comprendre son épistémologie en l'ancrant dans un milieu intellectuel.

Le discours psychiatrique, obstacle à la science de l'homme

Au terme de ce bilan qui nous a permis de situer l'œuvre d'Henri Ey dans son contexte culturel et de comprendre ses interrogations, nous possédons les informations qui nous permettent de décrypter ses présupposés et de saisir le sens de sa recherche et de sa méthode. En sa qualité de psychiatre, il a cherché à comprendre comment une dérive comme celle de la psychanalyse[63] et des sciences de l'homme qui renonce à la place du sujet dans la vie psychique au nom d'un psychisme purement neuronal et d'une conception mécaniciste de la vie psychique, a pu se produire. Ces dérives sont significatives d'une double tendance théorique : l'une qui fait du psychisme humain une mécanique neuronale et l'autre un simple phénomène naturel. Contrairement à ces dérives, il revendique la possibilité de penser la spécificité humaine et refuse le nivellement d'une réduction qui ferait de l'homme un simple phénomène de la nature ou un simple animal. C'est le statut de l'homme qui est en jeu dans sa recherche et plus

---

[63] Henri Ey ne rejette pas en bloc la psychanalyse, son apport à la compréhension de la vie psychique est indéniable mais ce qu'il remet en question, c'est ce que l'on appelle la seconde topique de l'œuvre freudienne qui donne la place principale à l'inconscient, ce qui amène Freud à suspecter le sujet et le considérer comme une simple illusion dans la droite lignée de Spinoza. La psychiatrie en général prendra le relais de Freud en se plaçant dans le sillage des neurosciences, ce qui aboutira à faire de la maladie mentale une simple maladie en lien avec la critique de la place du sujet dans la vie psychique.

particulièrement l'existence de l'individu car il n'existe que des individus. Sans cette existence, aucune psychiatrie n'est possible. Si l'individu n'a pas d'existence propre, ne possède pas le statut d'un sujet, la psychiatrie elle-même est remise en cause. Le psychiatre soigne des individualités, des psychismes singuliers. Il s'agit de donner une définition de l'homme/individu qui soit une définition en propre.

Toutefois, on ne peut pas ignorer les révolutions que furent la psychanalyse et les neurosciences. La psychanalyse s'est inspirée d'un modèle explicatif inadéquat pour comprendre l'homme, le modèle de la thermodynamique[64]. Elle réduisait l'homme à n'être qu'un phénomène de la nature. Les neurosciences, pour leur part, réduisent la pensée et la conscience à n'être que des états de la nature. Tous les modèles explicatifs de l'homme tendent vers une forme de pensée matérialiste de peur de sombrer dans l'idéalisme. Fallait-il poursuivre dans cette voie ouverte par une certaine science de l'homme et rejeter la conscience et le sujet aux accessoires inutiles ? C'était d'autant plus impossible que le statut de la science psychiatrique devenait incompréhensible puisque la maladie psychique devenait une simple maladie et la psychiatrie devenait une branche de la médecine. Henri Ey a compris les enjeux qui se jouaient derrière d'apparentes querelles conceptuelles d'autant plus que les neurosciences donnaient à penser que le psychisme pourrait bientôt être

[64] Freud, *Essai de psychanalyse*, chap. *Au-delà du principe de plaisir*, 1920, éd. Petite bibliothèque Payot, 2001, précise : « *Dans la théorie psychanalytique, nous admettons sans hésiter que le principe de plaisir règle automatiquement l'écoulement des processus psychiques ; autrement dit, nous croyons que celui-ci est chaque fois provoqué par une tension déplaisante et qu'il prend une direction telle que son résultat final coïncide avec un abaissement de cette tension* ». Ainsi Freud par ces remarques confirme que son modèle épistémologique est la thermodynamique dans sa première loi.

compris comme une simple machine neuronale. Le psychisme deviendrait, alors, transparent en se réduisant à n'être qu'un *état de la matière* parmi les états de la matière, comme le soulignait Searle[65]. De surcroît, la robotisation laissait espérer une explication de l'homme selon des modèles mathématiques. Tout cela devenait insupportable non seulement aux yeux d'Henri Ey mais aussi de tous les penseurs de l'existence. Le courant qui refusait toutes les réductions de l'homme reprenait les thèses de l'humanisme classique et celui des lumières même si cela pouvait apparaître comme obsolète[66]. Ce qui paraissait absurde à un moment, comme l'idée cartésienne de la troisième substance et de la spécificité de l'attitude humaine dans le monde comme producteur de qualité, revenait dans le débat avec son corollaire la question de la maladie psychique. Le combat idéologique d'Henri Ey est celui de la restauration de l'humanisme comme seule position soutenable.

---

[65] John R. Searle, *Le mystère de la conscience*, éd. Odile Jacob, philosophie, Paris, 1999, p. 13 : « *Nous comprendrons la conscience lorsque nous comprendrons biologiquement en détail comment le cerveau s'y prend pour cela. Comment exactement le cerveau cause-t-il nos états et processus mentaux et comment exactement ces états et processus fonctionnent-ils dans notre cerveau et dans notre vie en général* ».

[66] La thèse de Michel Foucault soutenue dans son ouvrage, *Les mots et les choses* explique que l'idée d'homme est une idée obsolète et que l'humanisme n'a plus de place dans une réflexion sur l'homme. La maladie mentale n'est d'ailleurs plus pensée comme une maladie du psychisme mais comme une maladie sociétale dont les règles sont définies par le pouvoir. De fait, à la manière aristotélicienne, il définit l'homme comme animal politique, c'est-à-dire que sa sociabilité est un accident et non sa nature, l'homme est d'abord un animal. Il n'y a plus à proprement parler de maladie, la maladie est inadaptation à l'ordre social.

Il est urgent de répondre à la crise qui caractérise ce début du XXe siècle[67]. Un premier bilan montre que la philosophie a su trouver par la remise en cause de ses présupposés une nouvelle voie d'accès au sujet en questionnant l'être selon son agir et non plus de manière abstraite alors que la pensée dominante était marquée par le matérialisme[68] et reprenait la thèse spinoziste selon laquelle le sujet était une illusion. La psychologie commençait, elle aussi, à réagir au matérialisme ambiant et aux réductions notamment avec Jackson qui introduit la dynamique temporelle dans le devenir humain. Une autre voie que celle du matérialisme était possible et permettait de ne pas enfermer les maladies mentales dans une simple nomenclature anthropologique. La psychologie, toutefois en n'interrogeant pas ses présupposés et prénotions, ne pouvait pas envisager une nouvelle approche de l'individu. La psychologie, de plus, se refusait à parler du fondement de l'individu dans l'être en devenir de peur de constituer une ontologie qui l'aurait fait basculer dans la métaphysique. Ce faisant, elle ignorait sa propre raison d'être qui est de comprendre pourquoi et comment un sujet ne peut pas parvenir à l'existence dans sa vie singulière.

C'est parce qu'il fallait bien constituer ce sujet, qu'il fallait penser une ontologie non métaphysicienne, qu'il fallait aller au-delà de l'interprétation des données pragmatiques qu'Henri Ey a compris qu'il fallait, comme l'avait fait la philosophie, renverser les perspectives en

---

[67] Husserl, *La crise des sciences européennes et la phénoménologie transcendantale*, Gallimard, 1976.

[68] Les sciences de l'homme font appel à des modèles déterministes ou matérialistes : la linguistique, l'anthropologie, la sociologie, etc. Le sujet disparaît en tant que tel car il est le produit de déterminations externes. Comme le rappelait Nietzsche, on ne devrait pas dire « je pense » mais « on pense ». Les sciences de l'homme sont dans la philosophie du soupçon par rapport au Sujet.

proposant sur le modèle critique de la nouvelle science et de la phénoménologie une approche épistémologique. Un plan de travail s'est imposé naturellement à lui. D'abord, interroger le « réel » car il est le champ du vécu. Sur le modèle critique de la philosophie, interroger la constitution du champ de l'expérience vécue pour mettre en évidence que le champ du vécu est constitué par l'individu en même temps qu'il devient sujet de son monde. L'individu n'est pas jeté à sa naissance dans un monde étranger. Les philosophies de l'existence ont osé interroger le « réel » et montrer la polysémie d'une notion qui se conceptualise différemment suivant les approches et ce qu'on veut en faire. Par là même, elles subvertissaient toutes les perspectives et rendaient crédible l'affirmation que le « réel » a partie liée avec le sujet se constituant. Le sujet ne se constitue qu'en constituant son *cogitatum.* Ce qu'Henri Ey, en psychiatre traduira, en affirmant que l'inconscient est constitué par le conscient. Ensuite, interroger les outils intellectuels avec lesquels on pense le vécu et le devenir humain. La question principielle est de savoir si des concepts abstraits peuvent expliquer le devenir, la temporalité humaine.

C'est parce que l'anthropologie ne peut pas être une science autonome qu'Henri Ey s'est adossé à la philosophie et a constitué une psychiatrie philosophique. Cette dimension a trop souvent été mal perçue. C'est ce qui a fait que les psychiatres ont rejeté sa théorie et les philosophes y ont vu une intrusion inacceptable. Il est temps de renouer le dialogue de la psychiatrie avec la philosophie pour que cesse l'incompréhension.

Le bilan de ce qui précède nous permet d'affirmer qu'Henri Ey est avant tout un épistémologue et que c'est la réflexion épistémologique qui l'a amené à pouvoir construire une théorie psychiatrique scientifique. Ceci ne signifie pas que la psychiatrie antérieure n'avait aucune prétention scientifique bien au contraire le XIXe siècle et le début du XXe siècle en sont la preuve contraire[69]. Toutefois, il revient à Ey d'avoir su montrer ce qui dans le développement humain lui était propre et d'avoir, à partir de ce fond, pu établir des lois qui lui sont propres : ce sont les lois du développement psychique qui sont synthétisées dans sa théorie organo-dynamique. Son étude menée à partir de ses patients met à jour les mécanismes du développement conscient par l'étude de sa désorganisation. C'est la raison pour laquelle sa méthode est tout entière contenue dans le *Traité des hallucinations.* Ce traité aborde la question de la critique de l'abstraction, de la critique du monisme et du dualisme et propose une redéfinition du sujet et de son monde.

Critique de l'abstraction

La « table des concepts » est écrite pour bien faire comprendre que toute nomination des choses implique une représentation globale du monde et de la place de l'homme dans ce monde. De fait, les concepts sont les fondements d'une théorie. Pour reprendre la théorie platonicienne du sophiste, nous pouvons affirmer que le monde possède une grammaire et que c'est selon cette grammaire qu'il s'organise pour produire du sens. Seulement à l'inverse du platonisme, Henri Ey soutient que ce sens est une intention humaine dans la droite lignée des phénoménologues. Ce qui permet d'affirmer que notre définition du monde propose une représentation propre à l'homme. Une étude

[69] Pinel, Freud sont des psychiatres qui ont en commun d'avoir sorti la psychologie d'une conception naturaliste de l'homme et d'avoir introduit de nouvelles méthodes notamment des outils quantitatifs pour rendre compte des maladies psychiques. Il y a eu un travail considérable critique qu'on ne peut pas ignorer mais il manquait à toutes ces théories d'avoir mis en lumière la spécificité du modèle humain.

approfondie de ces concepts permet de comprendre à quel point la représentation qu'on se fait de l'homme est purement idéologique et que l'homme n'a jamais été étudié dans sa réalité du fait d'un certain nombre d'obstacles que la méthode qu'il va suivre peut soulever. Le point de départ de l'analyse eyienne est la critique de l'abstraction qui repose sur la logique binaire qui fut introduite comme modèle scientifique de pensée dès l'Antiquité par Aristote[70]. La logique de la non-contradiction est dans l'incapacité de comprendre le vivant et encore moins le vivant/homme. La pauvreté d'une telle pensée pour expliquer les processus de l'humanisation est patente. C'est dans le langage et dans l'usage des concepts que s'enracine la représentation d'un monde d'opposition, de contradiction qui ne correspondent pas à la réalité de la vie psychique. L'usage des mots de la langue est le premier obstacle pour présenter la vie psychique d'abord parce que le langage est une abstraction et qu'ensuite cette abstraction fige et constitue une réalité mentale qu'on ne peut pas assimiler à la réalité sans prendre le risque de constituer une métaphysique au sens eyien du terme. Quand il s'agit de faire usage des mots, nous avons une tendance naturelle à faire de nos abstractions des réalités du monde. Par exemple, nous n'hésitons pas à parler de la conscience pour signifier un processus dynamique et ouvert tout en l'enfermant dans une abstraction fermée. Il n'est pas question de refuser de faire usage du vocabulaire mais il faut trouver le passage entre l'abstraction nécessaire à notre esprit et la réalité sensible. Henri Ey fait sienne l'analyse kantienne de la raison quand il affirmait que « *penser, c'est subsumer le divers de l'expérience sous les règles et principes de l'entendement et de la raison* »[71]. C'est le passage entre le divers de l'expérience et sa formalisation

---

[70] Aristote, *La physique.*

[71] Kant définit ainsi le « réel » dans la *Critique de la raison pure.*

en concept qui est l'obstacle majeur à la constitution d'une science psychiatrique. Il est tout à fait justifié de parler de la conscience quand on parle du champ de la conscience qui est pensé et construit comme un objet de connaissance, mais il est dangereux de vouloir employer le même vocable pour signifier le processus qui mène à la constitution du champ de conscience. Ce qui différencie un objet de connaissance ou objet mental est que l'objet mental est une abstraction hors du temps alors que le processus étudié au travers de sa structure est dans le temps. Henri Ey ne renonce pas à l'usage nécessaire de l'abstraction mais ce qu'il veut mettre en évidence, c'est l'écart entre la pensée et le processus. C'est ainsi qu'il est plus judicieux de parler d'un « *devenir-conscient* » que de la « *conscience* ». La prise de distance produite grâce à l'usage de connecteurs temporels permet de distinguer ce qu'on dit d'un processus et le processus lui-même. Ce qui a pour conséquence d'ouvrir la connaissance en la limitant.

La table des concepts

La « table des concepts » résume parfaitement la position eyienne face aux limites conceptuelles de la pensée. L'usage de certains concepts pour expliquer le phénomène de conscience, le masque plus qu'il ne l'explique. La Table permet de comprendre le lien qui l'unit à la philosophie critique des sciences et plus particulièrement à la notion d'obstacle épistémologique de Bachelard. Ce tableau, placé en annexe du *Traité des hallucinations*, se présente sous la forme ci-dessous[72].

[72] Henri Ey, *Traité des hallucinations*, tome 2, éd. Masson et Cie, Paris, 1973, p. 1434.

L'Objet	Le Sujet
L'Autrui	Le Moi
L'Inconscient	La Conscience
Le Symbolique	La Pensée abstraite
L'imaginaire	Le Réel
L'Expression	La Création
L'Automatisme	La Volonté

Chacun des concepts peut être lu séparément ou en couple avec son opposé, ce qui produit des représentations différentes. Le fait remarquable est que chacun est porteur en lui-même de sens mais sa positivité n'est que relative car aucun d'eux ne peut être pensé sans la logique de la non-contradiction, chacun se présente logiquement, comme le contraire de l'autre, comme son antithèse. À la lecture de ce tableau, on comprend comment la pensée, en faisant usage de la logique binaire, s'est enfermée dans deux courants, le monisme et le dualisme. Le tableau des concepts représente la carte mentale de la réalité. Ces catégories fonctionnent comme des catégories qui discriminent, séparent. Ce qui est remarquable, c'est que cette présentation en catégories de la réalité n'est, en fait, qu'une représentation mentale et pourtant la réalité qu'elle présente nous apparaît comme un « fait », comme une évidence qui ne se discute pas. La représentation mentale se substitue à la réalité parce que ces deux plans semblent coïncider. Le sujet, logiquement, s'oppose à l'objet comme le moi à autrui ou encore l'inconscient à la conscience, etc., et suivant qu'on privilégie les colonnes de droite ou celles de gauche, la lecture de la réalité est idéaliste ou matérialiste. Ce qui montre clairement que ces deux formes de pensée sont les deux faces d'une même représentation. Cette logique et les représentations qu'elle induit mènent à penser chaque objet de manière autonome. Chaque objet mental se suffit à lui-même. Les deux formes mentales de représentations excluent les éléments qui devraient être associés et qui n'ont de réalité autonome que sur un plan mental.

Le problème soulevé par ce tableau est celui de la valeur de la représentation ou de l'abstraction. Toute conceptualisation est un décrochage par rapport à la réalité dans la mesure où le concept fige et que la réalité est nouveauté permanente et flux. Il est certainement intéressant d'abstraire, c'est la condition de tout savoir. La science cherche les lois, ce qui est permanent dans le flux de la réalité. Mais ce qui est valable pour la science du non-vivant est-il encore valable pour la science de l'homme ? Il existe certainement une ou des structures qui font la stabilité de l'homme et qui permettent de comprendre son organisation structurelle mais, comme la section précédente l'a mis en évidence, l'homme est aussi temporalité. Le fait que l'homme est dans le temps implique que les structures qui l'organisent peuvent varier, se déstructurer, voire se déformer sans quoi la notion de temps n'aurait pas de pertinence. En même temps, si l'organisation selon des structures n'existe pas, l'homme n'existe pas car son identification passe par ces structures permanentes qui font sa spécificité. Ces structures sont identifiées. Elles correspondent à la structuration de l'affectif selon des codes et des règles variables et à un développement cognitif qui suit aussi une organisation précise. C'est ce que la « table des concepts » signifie. Il ne peut pas y avoir de science de l'homme si l'on ne met pas à jour ces structures invariantes. En même temps, cette approche est insuffisante car l'homme vit dans le temps et le temps n'est pas une variable négligeable dont on n'aurait pas à tenir compte. C'est bien l'idée d'Henri Ey qui rappelle que la seule théorisation selon les méthodes de la science amène à penser l'homme, soit selon un modèle idéaliste, soit selon un modèle moniste. L'un ou l'autre des modèles donne de fausses représentations de l'homme. De toute manière, une représentation est par définition fausse puisqu'elle fige tout mouvement. Comment concilier la temporalité humaine et son explication théorique ? Comment permettre une conceptualisation de l'homme qui ne soit pas réifiante ? Comment permettre à un objet mental, la représentation, de ne pas abstraire ? Comment assurer l'insertion de l'abstraction dans le flux de la temporalité ? C'est toute la difficulté que Kant avait mise à jour en rappelant que penser « *c'est subsumer le divers de l'expérience sous les règles et principes de la raison et de l'entendement* »[73]. Comment permettre le passage du divers du quotidien, de sa multiplicité à l'abstraction conceptuelle et inversement ? Le passage est le problème qui semble irrésolvable. En fait, cette difficulté ne peut pas se résoudre conceptuellement, ce serait absurde. Henri Ey propose de produire un écart entre la conceptualisation et la réalité. Henri Ey pense qu'il faut maintenir l'objet mental dans sa position et en même temps le coupler à l'idée de temporalité en faisant des concepts ouverts et non fermés. Conceptualiser, c'est figer, fermer mais on peut faire usage d'une structure linguistique qui permet d'ouvrir les concepts, il s'agit de la forme grammaticale du gérondif. C'est ainsi qu'on peut bien parler de la *conscience* comme représentation structurelle et coupler cette idée abstraite à la forme gérondive du *devenir conscient.* L'idée du devenir ouvre le concept vers une évolution possible. Elle introduit le contenu du vécu comme variable d'ajustement du concept à la réalité vécue. C'est ainsi qu'Henri Ey peut dire que la *conscience* est bien une structure mentale pour le savoir et en même temps un devenir. Ce qui différencie le concept de son contenu. Henri Ey concilie ainsi dans une dialectique l'abstraction et le mouvement. Le concept ne change pas mais son contenu peut varier. C'est ce qu'il appelle l'*organo-dynamisme*, une

[73] Kant, *Critique de la raison pure.*

organisation ouverte structurante et se structurant dans cette structuration. L'apport à la science de l'homme d'Henri Ey est d'avoir mis en perspective, de rappeler à l'esprit l'écart. Cette mise en perspective permet de concilier les inconciliables doctrines.

La lecture de la « table des concepts » explique cette démarche et concentre en elle toute la méthode eyienne.

L'opposition sujet/objet

Nous commençons par cette opposition essentielle dans toutes les représentations philosophiques ou psychiatriques. L'objet, ce qui appartient au monde de la perception est-il extérieur au sujet ? Le Sujet contemple-t-il passivement un monde tout constitué ? Existe-t-il un lien entre le Sujet et son monde ? Quel que soit le débat, la réflexion se cristallise autour d'un débat duel : ou le sujet est la condition du monde, à la manière de Descartes, ou le sujet est intégré au monde et il est un objet du monde comme les autres objets, à la manière de Spinoza. Henri Ey ne rejette pas l'opposition. Elle est nécessaire car toute connaissance débute par une identification du problème : il y a quelque chose qu'on appelle « Sujet » et quelque chose qu'on appelle « objet ». Le Sujet cristallise tout ce qui est de l'intime, de la sensation, du sentiment, bref, ce qu'on nomme la subjectivité, l'Objet est tout ce qui nous entoure, qu'on perçoit de manière neutre, bref, ce qui nous échappe. Si la distinction existe, c'est en tant qu'objet mental, l'Objet et le Sujet se distinguent quand on parle abstraitement, sitôt qu'on les replace dans la temporalité alors le Sujet et l'Objet se constituent réciproquement en participant au « *devenir conscient* ». L'objet et le sujet sont des objets mentaux commodes pour comprendre le processus à condition de ne jamais attribuer à ces deux abstractions une quelconque réalité.

« *L'Objet et le Sujet. L'objet en général est la chose qui fait partie du monde, de ce qui "en soi" se présente nécessairement dans une contexture, disposée dans l'espace et dans le temps, selon un ordre qui s'oppose au Sujet en lui posant le problème de sa connaissance et en imposant à son action sa nécessité. Par là, le Sujet apparaît comme l'agent de cette saisie du monde des Objets dont il se sépare en s'en emparant : il est existant que par la distance qu'il réserve entre les objets et lui* »[74]. C'est la difficulté quand on ne différencie pas l'organisation logique de l'organisation de la réalité. C'est le positionnement principiel qui surplombe toute la pensée depuis l'aristotélisme qui a introduit le principe de non-contradiction dans le discours de vérité.

« *Il suffit de jeter un coup d'œil sur la table des concepts antinomiques que nous avons dressée, pour percevoir quel risque de dualisme ontologique c'est-à-dire quelle absurdité il comporte. Prenez tous les concepts de la colonne ordonnée par rapport à la notion d'objet et séparez-les de tous les concepts de la colonne ordonnée par rapport à la dynamique du Sujet et vous avez d'un côté la position dite "empire-matérialiste" et de l'autre la position dite "idéaliste et transcendantaliste".* »[75]

Dans le cas de la distinction entre le Sujet et l'Objet, l'impasse repose sur l'idée parménidienne que l'être est et le non-être n'est pas. Elle part non pas de l'origine de l'être,

---

[74] Henri Ey, *Traité des hallucinations*, tome 2, éd. Masson et Cie, Paris, 1973, p. 1434.

[75] Henri Ey, *Traité des hallucinations*, tome 2, éd. Masson et Cie, Paris, 1973, p. 1435.

l'étant faisant effort pour être mais de l'être se constituant en un temps et en un lieu précis, l'étant figé dans une éternité mentale. Toutes les représentations de l'homme s'organisent autour de ce schéma. On fait comme si l'être tel qu'il apparaît à un moment donné n'avait pas d'histoire. C'est de cette impasse que la phénoménologie a voulu faire sortir la philosophie. C'est aussi le risque que Platon avait perçu dans sa mise en garde du Sophiste et c'est en s'appuyant sur ces remarques qu'Henri Ey en montre la limite pour la psychiatrie. Il faut en terminer avec cette illusion que les productions de la pensée dans leurs liens logiques fonctionnent comme la réalité pour fonder une véritable ontologie de la conscience.

Les couples qui apparaissent dans ce tableau ne s'opposent pas en fait mais en logique. L'opposition qui les caractérise est le résultat d'une approche noématique de l'être suivant qu'on le distingue selon la pensée ou selon la perception. En droit, la distinction est possible mais en fait, elle devient impossible car cette distinction correspond à la structuration de l'être en être objectivé et en être mental. Ces deux formes sont les conditions de l'existence car elles appartiennent à un même être qui est la condition de l'être lui-même. L'être pour être intelligible doit d'abord être perçu. Penser l'être selon une approche objectale (objet) ou selon une approche mentale (sujet) différenciée est l'erreur épistémologique qu'Henri Ey cherche à dénoncer. L'une ou l'autre de ces approches est forcément non conforme au vivant lui-même, car elle constitue un vivant figé. En fait, cela révèle les deux seules manières de penser l'être : en partant du sensible ou en partant de l'esprit.

En conclusion, on aurait envie de dire que l'être est constitué selon deux modalités, l'une intelligible et l'autre sensible mais c'est encore réifier l'être car c'est l'expliquer selon les modalités de la logique binaire. Le sensible pas plus que l'intelligible ne sont autre que des catégories mentales et explicatives qui reposent sur le nécessaire principe de non-contradiction. Le fait pour l'être d'apparaître comme objet de pensée possible, n'a aucune commune mesure avec son émergence, sa manière d'*exister*. L'être se constitue en constituant son monde mais l'être ne se réduit jamais à sa forme réifiée mentale. Il n'existe pas d'être en soi mais seulement des devenirs singuliers qui ne peuvent se contenir dans les paroles et les structures de notre organisation linguistique. C'est pourquoi Henri Ey ne peut se satisfaire de ces explications. La psychiatrie a besoin de comprendre comment s'organise le devenir, comment il est un constitué/constituant, pour comprendre la maladie psychique. C'est bien ce que toutes les philosophies de l'existence ont mis à jour : la dynamique de la constitution du monde et sa distinction en sujet/objet. Le réel est relatif et non « objectif » et il n'est jamais achevé, toujours en transformation. Le réel disparaît, il se dissout quand il est énoncé et expliqué par la science objective. L'extériorité et l'intériorité se renvoient mutuellement l'une à l'autre en constituant un être en devenir. L'être n'est ni le sujet ni l'objet, le sujet et l'objet sont des modes d'apparaître de l'être selon une *incarnation*, ou un *ici et maintenant*. Finalement, ce que disent les philosophies de l'existence renvoie à cette double dimension de l'être lui-même, l'être « absolu » qui serait l'être commun et l'être singulier, celui du vécu et qui reste encore une interrogation. Henri Ey exprime cela dans sa distinction entre une constitution selon l'automatisme ou selon l'organique et une constitution selon l'esprit. Il rejoint les philosophies de l'existence dans l'idée que l'être constitué est toujours dans la parole sur l'être, qui lui donne sa forme objective qui est aussi une forme du devenir qu'il ne faut pas mettre entre parenthèses comme si elle n'était pas aussi une forme de l'étant en devenir. L'erreur est de vouloir maintenir séparés ces différents plans d'être.

Pour Henri Ey, la distinction entre le Sujet et l'Objet comme la distinction entre l'Extériorité et l'Intériorité ou encore entre la Subjectivité et l'Objectivité, etc. ne sont que des distinctions conceptuelles qu'on doit prendre en compte car elles disent quelque chose de l'être mais avec précaution car elles s'apparentent au simulacre de Platon. Les formes conceptuelles sont comme les ombres de la caverne qui révèlent la présence indicible du devenir. Quand on pense la subjectivité et l'objectivité, on pense des abstractions des généralités qui ne disent rien des processus singuliers. Distinguer ne suffit pas. La distinction, loin d'être anodine, met l'accent sur la dimension encore trop abstraite ou métaphysique de toute pensée sur l'être. L'apport de la méthode eyienne est d'avoir insisté sur la multiplicité des approches de l'être selon l'intention des philosophies et d'avoir rappelé cette évidence oubliée que l'être n'est pas mais qu'il est une rencontre : rencontre d'une intention et d'une matière, rencontre d'une intention et d'une pulsion, etc. suivant les perspectives des savoirs. Il existe encore beaucoup d'autres rencontres qui n'ont certainement pas été mises à jour. Par exemple, sans l'apport de l'Inconscient, lié à la découverte de la pulsion, la distinction entre la subjectivité et le *vécu singulier* serait restée lettre morte. L'inconscient est devenu la clé de voûte qui permet de distinguer la subjectivité, travail de l'esprit sur la pulsion et de comprendre la communication des consciences qu'on appelle l'intersubjectivité et qui a été le nœud gordien de la philosophie. Les approches du devenir humain sont multiples, il n'y a que des *ontologies particulières*, comme aimaient le rappeler les phénoménologies. Toutefois, la mise en perspective des approches ontologiques de la philosophie et de la psychiatrie permet de mettre en évidence des obstacles similaires.

« *Ceci mérite une dernière explication. Le modèle "organo-dynamique" que nous proposons (et qui correspond à l'idée même d'une "histoire naturelle" du phénomène psychopathologique, pour autant que celui-ci est inscrit dans la "nature" corporelle et dans l'"historicité" incorporée de l'existence et de la coexistence), ce modèle récuse les diverses formes implicites ou explicites de dualismes qui compromettent et l'articulation de la réalité et de la liberté dans l'organisation du corps psychique.* »[76]

La doctrine eyienne de l'« organo-dynamisme » commence à s'esquisser. Le concept est jacksonien[77], Henri Ey le transforme en lui donnant une dimension dynamique et temporelle. Il intègre l'apport philosophique de la phénoménologie et plus particulièrement de la philosophie de Merleau-Ponty. Pour Jackson, l'idée d'« organo-dynamisme » signifiait qu'il existe un lien entre l'ordre de la nature et l'ordre de l'esprit, ce lien est une rencontre qui se produit selon une structuration hiérarchique et verticale. Cette même idée est reprise par Henri Ey. L'être se structure selon un ordre vertical où chaque structure ouvre vers une structure plus complexe jusqu'à la structuration cérébrale qui achève et ouvre ce processus vers lui-même, son monde et les autres. En même temps, la structuration s'ouvre dans la réception des contenus des vécus singuliers qui la

---

[76] Henri Ey, *Traité des hallucinations*, tome 2, éd. Masson et Cie, Paris, 1973, p. 1438.

[77] Jackson est le psychiatre qui a commencé à envisager la vie psychique comme une organisation hiérarchique et dynamique. L'étude de Jackson constitue le livre d'Henri Ey intitulée *Des idées de Jackson à un modèle organo-dynamique en psychiatrie* (éd. L'Harmattan, coll. Psychanalyse et civilisation, Paris, 1997).

recompose selon la ligne temporelle des vécus. Cette dynamique de l'être est proche de celle que proposait Merleau-Ponty dans son texte *Le visible et l'invisible*. Il y écrivait, en substance, que pour comprendre la structuration de l'être, il faut aller à l'origine même des choses, au moment où l'être émerge de la matière. Il faut partir de l'être organique qui est déjà une manifestation de l'être, avant sa division en *étant.* Sans ce retour à l'origine, il est impossible de penser un quelconque lien entre l'esprit et l'organique et sa division en corps et esprit. C'est l'explication de la structuration selon la verticalité. On ne peut structurer ensemble que des natures communes. L'organique est une manière d'être, la *chôra* de Platon. Sans cet organique, sans cette *chair du monde*, l'être errerait à la surface des choses. L'être est dynamisme, c'est là sa seule et réelle propriété.

L'être est originairement « dynamisme », c'est en absorbant l'« invisible » qu'il constitue le « visible ». Cette conception est bien éloignée de Jackson qui n'avait jamais lié la constitution de l'être et de la réalité comme les deux faces d'une même structuration. Henri Ey reprend à son compte cette approche car elle permet de comprendre comment dans certaines déstructurations de la conscience, les processus hallucinatoires peuvent se former du fait de la porosité entre le sujet et son monde. L'être en se donnant un monde se donne une identité, un moi qui devient l'être objectif se dévoilant dans sa finitude.

« *L'architectonie ontologique du "corps psychique" confère au Moi son statut de réalité en lui confiant la fonction de gardien de la réalité [...]* »[78]

---

[78] Henri Ey, *Traité des hallucinations*, tome 2, éd. Masson et Cie, Paris, 1973, p. 1438.

En insistant sur le fait qu'il existe une histoire propre de la structuration de la conscience, il interdit la dérive anthropologique et sociologique. Cette démonstration permet de penser la maladie psychique pour elle-même et non comme l'effet de circonstances externes à l'histoire du développement de la conscience. Certes, il y a une dimension anthropologique dans la science psychologique quand il s'agit d'étudier le vécu singulier. On ne peut pas ignorer que les histoires singulières sont aussi le résultat de faits contingents mais les déstructurations de la conscience que sont les maladies psychiques sont liées à une mauvaise constitution de la structure dynamique de la conscience. Henri Ey réintroduit la possibilité d'une ontologie contre tous les réductionnismes contemporains[79]. Comme l'avait indiqué Husserl, il n'y a pas une ontologie mais des ontologies particulières et la psychologie est l'une d'elles.

La psychiatrie est une science particulière puisqu'elle est la science des vécus singuliers. L'organo-dynamisme répond aux réquisits de cette science. Le fait de montrer que tout processus de conscience possède un cadre formel permet de penser la finalité du système. Le système de conscience est une organisation qui, partant de l'organisation de l'être dans son monde physique, s'achève avec l'intégration du système cérébral qui lui donne du sens et l'ouvre sur les autres systèmes de conscience. Il devient possible d'identifier le moment où le processus de conscientisation se bloque. Mais c'est la dimension dynamique qui seule permet de comprendre le pourquoi du

[79] Une fois de plus, Henri Ey vise le structuralisme et plus particulièrement Michel Foucault. Le structuralisme refuse l'idée que l'homme puisse être proprement le Sujet de ses actions, l'auteur de sa vie. L'homme est un être social au sens sociologique du terme qui pour avoir une existence doit intégrer un groupe, ses normes et ses valeurs. Dès lors, il devient une expression de la collectivité à laquelle il appartient. L'homme actualise dans sa particularité la règle abstraite de la société et lui donne corps.

blocage. En effet, c'est par l'introduction des éléments du divers de l'expérience singulière dans la structure formelle du processus de conscientisation qu'apparaissent les dysfonctionnements liés à une mauvaise intégration. Avec l'*organo-dynamisme*, Henri Ey parvient à constituer l'ossature d'une science psychiatrique. Tout cela n'est rendu possible qu'en transformant le cadre mental réifiant qui est notre tendance naturelle de penser. Aucun objet mental ne peut devenir un objet de la réalité car la réalité humaine est temporelle et s'inscrit dans un flux qui fait réagir les structures mises à jour. Le « réel » n'est ni séparé du sujet qui le constitue, ni la négation de l'intériorité. Le sujet, l'extériorité et l'intériorité se rencontrent dans le flux temporel et n'apparaissent comme des dimensions séparées qu'en devenant des objets mentaux. L'expérience vécue consiste à mettre en forme le réel qui n'est jamais un donné mais toujours un constitué. Le constitué et le constituant sont inséparables et la formule husserlienne qui lie le *cogito* et le *cogitatum* ne fait que résumer ce lien indissoluble. Il y a donc une double dimension du réel. Le réel est la dimension intentionnelle, celle qui donne à l'invisible sa visibilité en l'investissant d'un sens singulier qui s'ouvre vers d'autres intentions singulières. Cette double dimension se lie dans la dynamique d'un sujet qui en garantit l'équilibre. Le Sujet n'est plus une illusion car il appartient au monde et constitue son monde dans le monde. Cette révolution mentale permet à la psychiatrie de sortir de ses impasses et de pouvoir expliquer les variations de sens des mondes singuliers ainsi que les processus hallucinatoires en liant dans une même dynamique temporelle le sujet et son monde.

Le cadre épistémologique est ainsi transformé. Le sujet qui depuis Descartes était seul dans un monde neutre comme un *chevalier errant*, est, désormais, en relation avec un monde qu'il connaît pour l'habiter de tout son être. L'homme ne peut être constituant de son monde que parce qu'il est dans sa nature d'être un être de relation et non une substance. Mettre en relation n'est pas un état, c'est une action. L'être n'est plus en soi mais il se constitue dans la rencontre des séries : série biologique, série physique, série mentale, série affective, série pulsionnelle, etc. Il n'existe que tant que la relation est existante, il se dissout en même temps que la relation disparaît. L'être se tient et se constitue à l'entrecroisement des séries, il n'est que parce que cet entrecroisement est. En résumé, la relation le constitue comme sujet de son monde et son corollaire comme un objet du monde et objet pour autrui en se donnant aux autres comme objet possible d'intelligibilité. Que serait une relation pure si ce n'est une absence de relation ? Henri Ey renvoie à la « phénoménologie de la conscience » de Hegel qui prend en considération cet aspect de la conscience et de l'être comme être de relation. C'est dans la relation à soi, au monde, à l'autre que se constitue le sujet, à l'intersection des séries. La rencontre ne peut se produire que dans un cadre temporel qui est constituant du champ de la conscience. C'est l'idée principale qu'il nous faut retenir : être sujet, c'est se tenir entre et non pas être *pontificalement*. Le sujet est l'« entre » car il n'a aucune autre existence mais ce faisant, il se constitue comme un sujet réel, le sujet d'un monde dont il est la condition.

Dualisme et monisme

La critique épistémologique des fondements du savoir sur l'homme, fait d'Henri Ey une figure singulière dans le panorama scientifique de son époque. Sa pensée est en opposition avec le courant dominant de l'école anthropologique et structuraliste qui était la référence. De plus, il remet en valeur l'ontologie tant décriée pour ses références à la théologie. Mais Henri Ey ne se préoccupe pas de ces critiques, bien au contraire, il stigmatise les contempteurs de la mort du Sujet. Son affirmation d'un *devenir sujet* qui refuse de voir dans la notion de *Sujet* un simple objet mental, l'apparente à la philosophie bergsonienne ou à la phénoménologie. Contre les idéologies de la *mort du sujet* et du déterminisme humain, il propose une lecture du sujet comme transcendance et réhabilite la *liberté humaine* en faisant de son ouvrage sur la *Conscience* le pendant psychiatrique de l'*être et le néant* en philosophie[80]. La doctrine eyienne en termine avec la querelle des tenants du cartésianisme, les idéalistes, et des tenants du spinozisme, les monistes. En soutenant la thèse d'une nature temporelle du sujet et en démontrant le danger de faire des *objets mentaux* des réalités matérielles, il autorise une science de l'homme qui ne soit plus subordonnée à des sciences connexes dont l'objet n'est pas propre à l'homme. Il rejoint, ainsi, l'affirmation des structuralistes comme M. Foucault pour qui l'idée d'homme est obsolète et il la retourne contre eux en démontrant que l'homme comme objet mental est bien obsolète, le devenir ne peut être attribué qu'à un sujet du devenir. Il a réhabilité l'intuition des philosophes des lumières et notamment l'intuition kantienne selon laquelle le monde est la subsomption du vécu de l'expérience sous

---

[80] Sartre, *L'Être et le Néant*.

les règles et principes de l'entendement et de la raison[81]. Il montre ainsi que le dualisme comme le matérialisme reposent sur le préjugé d'une réalité indépendante de l'homme comme devenir sujet. C'est pourquoi Henri Ey qualifie ces théories de métaphysiques dans la mesure où elles partent d'une représentation, d'une réification de l'homme et qu'elles font de ces représentations des réalités et non de simples objets mentaux. C'est parce qu'Henri Ey n'est pas un idéologue mais un épistémologue qu'il peut renvoyer dos à dos le monisme et l'idéalisme qui ne sont, au bout du compte, que la même tendance de notre esprit à faire des objets mentaux des réalités. L'homme apparaît au monde dans sa relation d'effort avec le monde qui devient un médiateur entre lui et lui-même à la manière de Maine de Biran[82] qui, dans ses travaux, montrait comment l'homme prend conscience de lui-même dans l'effort qu'il fait pour exister. Ce qui a manqué à l'ensemble des théories sur l'homme, c'est de penser l'homme non pas comme une réalité pontificale mais comme une relation ouverte. La catégorie de la relation devient la clé de voûte du système du devenir humain et permet de mettre un terme à toutes les apories de la pensée sur le Sujet.

Le sujet, sous sa forme d'un *devenir* s'enracine dans une réalité, elle-même en devenir car elle est liée au sujet en devenir. Le *sujet* n'est plus une abstraction, il est la condition du monde et de lui-même au travers de la construction qu'il fait du monde. Henri Ey rappelle ainsi qu'on peut parler de la transcendance du sujet sans pour

[81] Kant, *Critique de la raison pure.*

[82] Maine de Biran est évoqué par Henri Ey notamment pour montrer que la notion d'inconscient freudien réduit la vie psychique à cette seule dimension. Elle est, certes, bien présente mais occupe une position « excentrique » même s'il se tient prêt à ressurgir à tout moment, in *La conscience*, p. 370.

autant tomber dans un discours métaphysique. Sartre n'est pas métaphysicien et pourtant il affirme *la transcendance de l'Ego.* Il habilite la possibilité d'une ontologie scientifique. De fait, et c'est en partie paradoxal, tout avait été dit par Descartes quand il écrivait que nous n'avons pas un corps, que nous sommes notre corps et que nous ne pouvons pas prendre de distance avec lui car notre relation est une relation intime.

« *Autrement dit, ce qui était déjà fortement impliqué dans la "phénoménologie" de M. Heidegger ou l'existentialisme de J.-P. Sartre, est devenu le leitmotiv de l'anti-anthropologie structuraliste contemporaine, du "structuralisme français", où il n'est plus question que de la "mort du sujet" et du "Moi-Fétiche", comme si, en effet, le structuralisme rejoignait les formes de la Gestaltpsychologie "ohne Gestalter" et la "pauvre chose" qu'est le Moi freudien. Tous les représentants de cette "analyse" de l'homme qui réduit son humanité à des systèmes de signes formant une stratégie verbale immobile dans sa spécifique ou archéologique constance (le monde un et immobile de ces Eléates selon la réflexion de Henri Lefèbvre), somme toute, à n'être qu'une sorte de squelette, rigoureusement privé de vie, tous ces représentants (Michel Foucault, J. Lacan, R. Barthes, etc.), tous subtils et intrépides, et souvent géniaux, ont cru qu'ils pouvaient tirer de la linguistique (de l'aspect taxinomique et combinatoire du langage) le modèle de la construction automatique de l'homme – modèle emprunté au logicisme du Cercle de Vienne. Tout est, en effet, possible et, à certains égards, utile dans le domaine des idées. Et dans le problème – que l'on n'ose pas appeler particulier – de l'être conscient, il semble évident que le "structuralisme" a constitué une réaction salutaire contre le subjectivisme du pur vécu, et qu'il était temps que, selon le mot de Domenach, l'impersonnel apparaisse comme un élément structural de l'univers personnel. Certes ! Mais à la condition toutefois que l'impersonnel qui est la référence à la réalité, à ce face à quoi le Sujet se constitue comme tel, devienne le personnel. Et c'est toute la dialectique de l'être conscient (nié systématiquement par le système conceptuel de ce néopositivisme) qui faisant l'homme au travers des structures de sa conscience et de son histoire, s'oppose par lui-même à ce que soit "anéanti" son propre travail, c'est-à-dire "néantisé" le Sujet avec sa parole et sa conscience (P. Ricœur, M. Dufrenne, H. Lefèbvre, etc.)* »[83]

Henri Ey renoue avec la possibilité de l'humanisme. Étudier l'homme, c'est étudier le seul devenir qui vaille celui du sujet constituant de son monde et de lui-même dans une spirale sans fin. Le monde est le sujet, le sujet est le monde, il n'existe pas d'autre réalité. Sa théorie est l'antithèse des théories anthropologiques et structuralistes qui font dépendre le sujet d'une autre réalité qui lui est supérieure. Dès lors, la conscience devient la réflexion centrale de tout son travail. Le *devenir sujet* ne peut se comprendre que comme le *devenir conscient de son devenir* en prenant conscience de ce processus. La conscience n'est pas une entité qui posséderait un contenu objectivable et qui pourrait se donner comme un objet à penser, elle est un processus toujours renouvelé. Il n'y a plus d'être abstrait, il n'y a que des devenirs. Le sujet lui-même n'est qu'un devenir qui prend conscience de lui-même dans le dialogue qu'il constitue avec lui-même par la médiation de son *devenir objectif* ou *devenir mondain.* La réalité est un moment concret du sujet. L'homme regarde son reflet à la manière de Narcisse dans la matière informée. Le sujet est la forme *hic et nunc* du processus de *conscientisation.*

---

[83] Henri Ey, *La Conscience*, éd. Desclée de Brouwer, Paris, 1983, p. 71-72.

Le vrai sujet du « réel », c'est la conscience qui est la forme de toutes les formes, l'unité du syllogisme disjonctif au sens kantien du terme. C'est en ce sens qu'elle est transcendance et condition du devenir humain dans son actualisation singulière en la *personne* que nous sommes. Henri Ey est bien un humaniste mais plus encore un personnaliste. Le sujet est une personne et non une simple abstraction.

« *Être conscient, c'est "vivre" la particularité de sa propre expérience en la transposant dans l'universalité de son "savoir". C'est dire que la conscience ne peut être décrite que comme une structure complexe, celle de l'organisation même de la vie de relation qui lie le sujet aux autres et à son monde. Immanence et transcendance, données immédiates et réflexion, telles sont les antinomies entre lesquelles se constitue la conscience. Cet entrelacement du vécu et du jugement (Husserl) est bien la réalité de l'être conscient.* »[84]

Le concept essentiel de la théorie eyienne est celui de « *devenir conscient* ». La conscience est continuelle actualisation pour devenir visible à elle-même. C'est ce devenir conscient dans la forme d'un sujet actuel, une personne, qui est l'objet de la nouvelle psychiatrie. Le fait pour la conscience de devenir visible à elle-même délimitera la frontière entre le pathologique et le normal, entre l'être conscient de lui-même et l'être enfermé en lui-même. L'être conscient de lui-même est ouverture car il est relation intégrante permanente. Nous ne devons pas perdre de vue que l'*invisible* déborde de toute part le *visible*, et, jamais, il ne peut lui être coextensif. Il est l'inépuisable qui toujours peut apparaître dans l'espace de la conscience par le travail continuel et intégrateur du sujet qui ne cesse de

[84] Henri Ey, *La Conscience*, éd. Desclée de Brouwer, Paris, 1983, p. 1.

constituer son monde en se constituant comme sujet conscient de son action, comme *Personne*. Système ouvert, pour reprendre les termes que nous avions employés au commencement de notre étude, la conscience est un système de relations, un système intégrateur de nouveautés.

La doctrine eyienne pour pouvoir mettre au cœur de sa pensée l'idée du *devenir* doit pouvoir montrer qu'il est absurde de vouloir penser le devenir au travers des catégories mentales qui abstraient le devenir. La « table des concepts » en est l'illustration parfaite. On ne peut pas étudier l'homme à partir de sa propre structure mentale. C'est pourquoi le structuralisme comme l'anthropologie, les monismes comme l'idéalisme lui-même sont des impasses. Toutes ces théories figent l'homme hors de sa réalité temporelle. L'homme est temps. Si on ne prend pas en considération cette évidence, toute théorie de l'homme devient une impasse à moins de faire, comme l'a fait la psychanalyse, de la conscience un épiphénomène ou comme la sociologie de faire du sujet un produit culturel et social, à la manière de l'anthropologie de Lévi-Strauss. Expliquer l'homme par ses propres productions est une contradiction. C'est ce que refuse Henri Ey car ce n'est pas soutenable intellectuellement. Henri Ey ne peut admettre cela car s'il est vrai que l'homme est bien le produit d'un certain nombre de circonstances et qu'il est un fait de culture, il est non moins vrai que ses formes sont le résultat d'actions de l'homme, comme Sartre l'écrivait, l'homme n'est pas déterminé mais il se détermine. C'est cette distinction qui a amené Henri Ey à écrire des propos virulents contre le philosophe Michel Foucault quand il publia sa thèse sur les rapports de la folie et du politique. L'homme est acteur, au sens où il joue un rôle, mais il n'est pas sujet car ce rôle lui est imposé.

Nous l'avons compris, la sociologie ou l'anthropologie font partie des cibles d'Henri Ey mais sa première priorité, en sa qualité de psychiatre, est de déstructurer le discours psychanalytique et de montrer qu'il est dans le droit fil du monisme ambiant. Pour constituer une véritable science de l'homme et permettre à la psychiatrie de penser une pratique non réificatrice, il doit prouver que la psychanalyse est une dérive dangereuse. Elle est d'autant plus dangereuse qu'elle se présente comme un savoir absolu sur l'homme et comme la science véritable de l'homme alors qu'elle ne fait que reconduire les impasses que les autres sciences rencontrent. Remettre en question ce savoir, c'est l'objet de la doctrine eyienne.

L'ignorance du devenir

L'étude de l'homme est dans une impasse car elle n'a pas accompli sa révolution copernicienne qui consisterait à remettre en question son modèle épistémologique. L'homme est une notion abstraite, une réalité mentale dont aucune science de l'homme ne peut partir. Ce qui existe, en dehors des abstractions, ce sont des singularités en devenir qui s'actualisent sous la forme de personnes en se solidarisant dans un réseau de sens. Parmi toutes les sciences de l'homme, la psychanalyse a été la science qui a tenté d'introduire la singularité dans son discours par l'introduction de la notion d'inconscient. D'abord, parce que l'inconscient décentre le fait humain en l'ancrant dans la pulsion qui est son véritable terreau spécifique, ensuite, parce qu'il permettait de toucher au plus près la réalité de la singularité. L'inconscient permet de penser les vécus différenciés car chaque singularité possède sa propre stratégie de confrontation avec la pulsion. En ce sens, la psychanalyse a été une véritable révolution mentale. Malheureusement, Freud a fait de l'inconscient une entité autonome et non un moment du devenir humain. C'est pourquoi Henri Ey se propose de reprendre la révolution freudienne là où elle s'est achevée en redonnant vie au processus inconscient et en faisant en sorte de ne pas glisser dans les tendances naturelles de notre esprit que sont le monisme et le dualisme. Le vécu de la personne est une réalité qui ne se laisse pas enfermer dans des catégories universelles. Dans la même veine, quand la philosophie traite de la maladie mentale, on voit apparaître le filon déterministe comme chez M. Foucault qui lie la maladie et le politique. Freud ne dit pas autre chose quand il pose la normalité comme le « *bien refoulé* ». Ces deux pistes ignorent le processus d'humanisation.

Freud a certainement raison de dire que le vécu est l'aventure de la pulsion mais cette aventure, ce destin de la pulsion est le fait qu'entre la pulsion et son objet il existe une instance qui s'oppose à elle, la transforme, l'informe pour l'intégrer dans son système. Cette instance, c'est le *processus de conscientisation*, la forme de l'être en action qui subsume le divers de ses expériences pour en faire une donnée qualitative et intelligible, une donnée de sens ouvert à l'intelligibilité. L'intelligibilité est rendue possible par la faculté langagière de l'homme. Cette faculté permet d'ouvrir la pulsion et l'homme en général vers un monde de sens et de qualité.

Ce n'est pas la pulsion qui est informée mais son actualisation singulière dans une situation singulière qu'on nomme le *vécu*. Le champ du vécu est la transformation de la pulsion en objet intelligible et correspond à l'actualisation par le langage. Ce champ est ouvert vers l'inconscient qui est l'autre non encore intelligible de la conscience. L'inconscient est l'autre de la conscience, ce que la conscience par le processus d'intelligibilité ne peut pas rendre visible. Ce qui est essentiel pour Henri Ey, c'est de montrer que le processus d'humanisation ne se constitue pas par la seule soumission du sensible aux lois de la pensée mais aussi par la soumission de la pulsion aux mêmes lois de la pensée et cette dernière soumission est ce qui fait entrer le qualitatif dans le monde subjectif. Le *champ du vécu* n'est pas seulement une quantification du sensible selon les lois et principes de l'entendement et de la raison, il est aussi la possibilité d'introduire de la qualité dans le sensible grâce à la soumission de la pulsion au devenir langage. La subsomption du sensible met en lumière le processus de l'émergence de l'être dans le monde et la subsomption de la pulsion met en lumière la singularité de tout vécu par l'introduction de la qualité dans le monde. Donner de la qualité au sensible est un processus tout à fait original qui ne peut donc pas s'expliquer à partir des modèles scientifiques valables pour les phénomènes quantifiables d'autant plus que la personne est un processus de constitution singulière.

L'erreur épistémologique de la psychanalyse est d'avoir substantifié ces processus. Ainsi, l'inconscient ne peut se penser qu'en lien avec le processus d'intelligibilité, la formation d'un monde signifiant. L'inconscient ne peut se penser qu'en lien avec le devenir psychique qui s'objective dans la constitution d'un ordre symbolique du monde. C'est par rapport à la constitution du monde symbolique comme finalité du devenir qu'on peut penser chacune des instances de la vie psychique. Freud avait raison de penser que c'est dans le langage que la conscience se rend visible à elle-même et se constitue comme son « être là » ou « dasein ». Malheureusement, il ne mettait pas en perspective ces instances dans un devenir qui donne sens à l'organisation du monde psychique. Freud n'a pas conçu l'être comme une historicité. Or, l'être n'advient que dans le temps. Apparaître dans le temps, c'est aussi pour l'être disparaître car le temps est tout sauf l'éternité. Cette manière d'exister dans le temps est une manière symbolique d'être, la seule manière de se posséder. C'est pourquoi l'être en devenir ne peut apparaître dans le monde que sous une forme langagière qui est la seule à pouvoir lui donner du sens. L'être de langage n'est plus un simple objet du monde, n'a pas de réalité physique, il est un *corps psychique.*

C'est l'erreur de Freud d'avoir étudié d'une manière séparée les différentes instances du devenir humain. Pourtant, comme on vient de le comprendre, la psychanalyse avec l'idée du *refoulé* aurait pu ne pas figer le vécu singulier. La notion du *refoulé* implique, par définition, le devenir. C'est pourquoi Henri Ey reprendra la notion d'inconscient comme refoulé et la première topique freudienne dans sa propre analyse. Il insistera même en rappelant que l'apport le plus important de la psychanalyse à la science de l'homme est la notion de *refoulé.*

Le devenir est langagier

« *Autrement dit, la structure de la conscience ne peut se constituer que dans et par la dialectique de l'être constituant son langage.* »[85]

Le devenir conscient ne peut se produire qu'en modifiant la réalité en une production de sens toujours à renouveler. Henri Ey, en accord avec les phénoménologues, affirme la nature intentionnelle de l'être. Cette nature ne peut s'actualiser que dans un monde symbolique qui est seul capable d'introduire de la qualité, de l'intelligible grâce au langage. Le monde symbolique, le monde constitutif de l'humain. L'être n'est plus au monde mais il a son monde,

---

[85] Henri Ey, *La Conscience*, éd. Desclée de Brouwer, Paris, 1983, p. 21.

son monde symbolique ou monde de la qualité. Henri Ey éclaire sous un nouveau jour la 3e substance cartésienne.

L'autre apport d'Henri Ey pour la philosophie de la conscience, est l'intégration de l'inconscient dans le processus de conscientisation. L'inconscient est bien la trace de l'effort que chaque individu doit accomplir pour faire du monde réel un monde de qualité. C'est le processus de subjectivation lui-même corrélatif de l'apparition du champ de conscience ou champ du vécu. Grâce à cette nouvelle dimension dynamique du devenir inconscient, Henri Ey rencontre l'individuation de l'être. La notion d'individu ne peut se comprendre que dans le travail pour actualiser dans le langage l'inconscient. L'actualisation dans le langage est propre à chacun, à chaque singularité. Donner une forme symbolique, une forme langagière, à l'inconscient, c'est lui permettre d'être intelligible à celui qui donne forme par les mots à son inconscient et qui le donne à comprendre aux autres. Ce processus fait émerger la *Personne* comme l'individu qui échange et partage et accède à l'humain. Le travail de la pulsion par chaque singularité, car il n'existe pas *d'homme* en général mais uniquement des singularités, montre comment la différenciation entre les singularités fait émerger le champ singulier de chaque système symbolique et oblige à faire de la *personne* la seule réalité ontologique. Seule, l'introduction de l'inconscient dans l'approche du devenir humain permet de comprendre cette différenciation. L'être est bien *intention* au sens phénoménologique du terme mais cette intention s'inscrit dans des singularités et vise non seulement la constitution du champ de la conscience mais aussi de manière coextensive la constitution de champ du vécu, le lieu de l'existence. Pour l'homme, le monde est un devenir de différenciation qualitative qui fait apparaître des singularités ou *personnes.* Il n'existe pas d'être en soi mais seulement des singularités qui s'arrachent au monde neutre de la physique pour constituer un monde de valeurs et d'échanges. Le singulier est logiquement antérieur au collectif même si existentiellement, le singulier et le collectif se constituent de conserve. Le devenir singulier et le devenir collectif vont de conserve car ils se nourrissent mutuellement, dans une relation d'échange qui en délimitant chaque plan distingue entre le collectif et le singulier. Le collectif est la valeur qui se partage, le singulier est la valeur qui ne peut pas se partager. C'est parce qu'on a un inconscient, un *refoulé*, qu'on a un devenir singulier car il n'y a pas de modèle unique de symbolisation.

Henri Ey refuse, comme l'avait fait Platon, dans le *Sophiste*, à propos du lien entre l'être et le non-être, d'opposer la conscience et l'inconscient car, comme l'explique clairement Platon, cette opposition binaire n'est qu'une illusion mentale qui débouche sur des impasses. L'inconscient n'est pas la conscience mais il n'est pas non plus hors de la conscience car l'inconscient appartient au système de la conscience. Il est une forme inaccomplie du devenir conscient, il appartient à ce titre au champ de conscience ou champ du vécu. Il est un moment du processus de conscientisation, une forme inaccomplie du devenir conscient, un simulacre de conscience au sens platonicien du terme.

Le devenir inconscient et le devenir conscience

Le lien entre l'inconscient et le conscient ne peut s'établir que dans une perspective temporelle, dans le cadre d'un devenir. Le devenir conscient intègre la conscience et l'inconscient comme les jalons d'une actualisation de la conscience toujours en devenir et jamais achevée. La réflexion sur le *devenir conscient*[86] et le *devenir inconscient* a été l'objet de colloques à Bonneval[87]. Henri Ey y développe son argument selon lequel l'inconscient est une forme *latente* de l'être conscient. Sa démonstration part de la définition commune de l'inconscient : ce qui est hors de la conscience et qui ne peut pas être connu de la conscience. Or, cette définition recèle une contradiction car ce qui est hors de la conscience ne peut pas avoir partie liée avec elle. En d'autres termes, comment l'inconscient pourrait-il devenir le fondement d'une vie psychique qui par définition est consciente. Si l'inconscient est une instance à part, possédant ses propres lois et son propre mécanisme, comme le précise Freud, il n'est pas possible de comprendre la vie psychique, il faut soit faire disparaître l'inconscient soit faire disparaître la conscience. L'impossible coexistence des deux instances est bien réelle dans le présent qui est l'actualisation en un temps et en un lieu précis de tous les possibles psychiques mais reprend ses droits dans le cadre d'un devenir temporel qui élabore les différents possibles en attendant leur actualisation selon les circonstances du présent. Le présent est la présentification des possibles, leur actualisation. L'argument d'Henri Ey, pour en terminer avec les contradictions théoriques, est de déplacer le problème en pensant la vie psychique comme un *devenir.* Ce déplacement permet de mettre en perspective des instances qui ne sont pas des réalités en soi mais les moments du processus qui aboutit à l'actualisation toujours renouvelée du champ de conscience. « *Hors de la*

---

[86] Nous ne pouvons plus parler d'inconscient ou de conscient ce serait trahir la pensée eyienne. La conscience et l'inconscient sont des devenirs et c'est comme tel que nous devons les nommer. Ainsi qu'il le rappelle dans sa préface à la 2e édition de *la conscience*, employer des substantifs pour exprimer des processus vitaux c'est produire des « chosifications mythiques », du « fétichisme » in *La conscience*, p. IX.

[87] *L'inconscient, VIe colloque de Bonneval*, éd. Desclée de Brouwer, bibliothèque neuropsychiatrique de langue française, Paris 1978.

conscience, il n'y a point de connaissance ». Le *devenir* est le combat de l'être tentant de constituer son *champ de conscience* par la maîtrise de la pulsion. Maîtriser la pulsion, pour Henri Ey c'est lui donner une qualité. La transformation de l'énergie pulsionnelle en qualité n'est possible que par la médiation du langage. Donner un *destin à la pulsion,* une qualité intelligible, est ce qu'on appelle la sublimation qui se produit sous la forme de paroles hiérarchisées, organisées et porteuses d'un sens. Ce qui n'accède pas à la clarté du monde symbolique du langage, ce qui ne parvient pas à se dire est ce qui est *refoulé* ou inconscient pour Freud comme pour Ey. L'inconscient, c'est le refoulé, ce qui n'accède pas au sens et ne peut pas entrer dans le monde symbolique. L'inconscient est ce qui ne peut pas se dire clairement, ce qui ne peut pas s'énoncer selon les règles et les principes de la raison. L'inconscient s'oppose à l'intelligibilité de soi, à la conscience de soi, en ne rendant pas possible la constitution d'un champ symbolique ou la conscience devient conscience de soi en accédant à la représentation de soi. L'inconscient ne s'oppose pas à la conscience, il est ce qui ne parvient pas à devenir conscient. Le refoulé est la pulsion qui ne parvient pas, en n'entrant pas dans le champ symbolique du langage, à devenir objet de la conscience et participer ainsi au processus de conscientisation. Le refoulé ne peut pas devenir objet de connaissance, il ne peut pas devenir une représentation, il est une conscience qui n'est pas encore conceptualisée. Toutefois, ce n'est pas parce qu'il ne peut pas devenir un objet conceptuel qu'il disparaît du champ de la conscience. Il reste une conscience en cours de conceptualisation, il est la conscience en attente de sa représentation.

C'est dans l'étude 27[88] qu'Henri Ey démontre cette thèse. Il met en garde ceux qui voudraient, à la manière des cognitivistes et de tous ceux pour qui les notions sont des réalités, ignorer la temporalité du champ actuel de la conscience. Le champ de la conscience n'est pas originaire, il exprime l'intention de la conscience à vouloir s'actualiser. C'est en figeant le processus du *devenir conscient* dans des présents successifs que l'illusion des différents constituants du devenir apparaît : on peut alors opposer le corps et l'esprit, la conscience et l'inconscient, pour en faire des objets mentaux. Pour comprendre la réification qui se produit, il est nécessaire de penser ces idées comme des représentations et non plus comme des réalités. Par exemple, le corps n'est pas corps au sens où il aurait une réalité essentielle, il est une représentation dont a besoin la conscience pour accéder à elle-même. Pour éviter l'écueil d'une représentation devenue réalité, Henri Ey ne parle que du *corps psychique*. Le processus de conscience se dit dans le langage mais ne s'y réduit pas. C'est le langage et notre manière d'organiser logiquement les liens entre les objets mentaux qui est l'obstacle majeur à la compréhension du processus de conscientisation. Cela est un fait, il n'en demeure pas moins que ce qui ne peut pas se dire dans le langage est réduit au non-être. L'être est la condition du langage, il ne s'y réduit pas. De même, la pulsion est la condition de la représentation de la conscience mais la représentation de la conscience n'exclut pas d'autres formes de la conscience. Ce n'est pas parce que la conscience ne peut pas se dire qu'elle n'est pas conscience. Elle est un être qui n'a pas accédé à l'existence que lui confère le langage mais il n'en demeure pas moins qu'elle est quelque chose de l'être.

---

[88] Henri Ey, *Études psychiatriques*, éd. CREHEY, Perpignan, 2006.

Henri Ey en posant la question des rapports du conscient et de l'inconscient dans leur relation temporelle a déplacé les perspectives. Il confirme l'approche phénoménologique qui introduit un lien étroit entre *cogito* et *cogitatum* qui est l'objet même du *cogito,* objet qui n'est pas donné tel qu'il apparaît mais qui se forme sous la pression d'une finalité individuelle et collective ? Cette élaboration se comprend dans le va-et-vient de l'objet refoulé et de l'objet élaboré. Il n'y a pas de conscience sans son inconscient.

« *L'être ou le non-être de l'inconscient nous entraînent à une difficile méditation qui sépare le "cogito" du "cogitatum".* »[89]

L'être appartient clairement au langage, mais l'être de langage a une histoire. Tout n'entre pas dans le langage, tout ne peut donc pas accéder à l'être. L'être n'est pas que langage. Le langage élabore une matière qui est déjà accessible au langage et qui de ce fait est déjà de l'être. Avant d'être « être », l'être est en devenir d'« être ». C'est cet être en devenir qui est l'inconscient. Si bien qu'Henri Ey transforme le paysage de la réflexion. L'être ne peut pas se réduire à l'être qui se dit dans le langage, il se dit en dehors du langage. C'est la distinction entre l'être conscient qui se comprend en se prenant pour objet de son savoir et l'être inconscient qui ne peut pas se constituer car il ne possède pas son autre. Le processus de conscience est le processus qui d'un être informe produit un être qui peut se subsumer sous les règles et les principes de la raison et devenir objet possible de connaissance, en s'informant l'être accède à sa propre connaissance. Pour exister, se reconnaître comme existant, l'être doit prendre forme. Il doit accéder à la finitude sans jamais s'y enfermer au risque d'être englué dans sa propre pathologie. Le langage

[89] Henri Ey, *L'Inconscient*, *VIe colloque de Bonneval*, éd. Desclée de Brouwer, Paris, 1978, p. 13.

réplique l'auto-formation de l'être, tout énoncé vise un signifiant en constituant un signifié, comme l'être n'accède à lui-même qu'en se constituant comme son propre objet, son signifié sous la forme d'un objet mental. L'être au monde n'est pas la conscience, il n'est qu'un moment de la conscience, au sens hégélien du terme. La conscience en se donnant comme objet de pensée s'objective et n'est plus égale à elle-même. Il existera toujours un écart entre le *devenir conscient* et la conscience objectivée dans le langage, entre le *devenir conscient* et la conscience qu'on peut en avoir. De fait, il n'y a aucune prééminence entre le conscient et l'inconscient, ils s'entrecroisent dans le *devenir conscient* qui est aussi le *devenir conscience.* L'inconscient n'existe que comme l'autre du conscient, il en est le négatif. Mais c'est un négatif qui a de l'être.

L'inconscient n'existe que parce que l'être conscient se constitue. L'inconscient c'est tout ce qui ne peut pas être soumis à la législation du langage, tout ce qui ne peut pas s'objectiver dans le langage. Tout ne peut pas se dire, ce qui ne veut pas dire que cela n'existe pas. L'inconscient existe au même titre que le conscient et la conscience, il est l'autre de la conscience ou plutôt la conscience en constitution. Henri Ey rejoint la problématique de Bergson dans l'idée d'une *énergie spirituelle*. Le spirituel chez Bergson ne peut pas être confondu avec l'énergie qui est la condition du spirituel. L'homme pour Bergson est tendu vers le spirituel, il s'accomplit en s'accomplissant dans l'espace du spirituel. Henri Ey reprend directement cette idée. Le sens que la raison donne au monde dans les impératifs qu'elle lui ordonne est constitué par la conscience comme énergie, processus de transcendance. De fait, la conscience permet de faire accéder le non-être à l'être. Le non-être n'est pas un néant, il est un être qui ne peut pas se dire, c'est seulement en ce sens qu'il est non-être ou plus exactement « autre qu'être ».

On peut mesurer toute la distance qui existe entre Freud et Ey. Elle est liée à une approche méthodologique différente. Freud reste enfermé dans une analyse de type physique, il ne constitue pas de protocole particulier pour constituer une science de l'homme. La méthodologie freudienne s'apparente à une mécanique qui, au lieu de mettre en relation dynamique les différences instances de l'appareil psychique, les oppose et organise un système de causalité pour expliquer le psychisme qu'il appelle d'ailleurs d'une manière très significative, l'*appareil psychique*. L'introduction d'une causalité pour expliquer les faits psychiques produit des discours sur l'homme incompréhensibles : comment pourrait-il y avoir un refoulé sans cause ? Une cause refoulée, une cause non dite, c'est exactement le type d'analyse que rejette Ey car ce type d'analyse reconduit les discours métaphysiques. C'est une des priorités de la démarche eyienne que de traquer les rejetons de la métaphysique. Freud ne déroge pas à la règle de tous les métaphysiciens, il isole une instance pour lui faire jouer un rôle privilégié, le rôle de la cause première. Ce schéma est bien le schéma classique de la pensée de la non-contradiction : distinction absolue, opposition et relations entre les objets qui ne peuvent être que des rapports d'extériorité, d'où la thématique de la mécanique.

C'est-ce schéma qu'Henri Ey tente de renverser. La vie psychique est une totalité, une expression solidaire de toutes ses instances qui ne sont que des devenirs. Le psychique est un processus non un appareil.

« *Le schéma "topologique" de l'appareil psychique si nécessaire [...] est dans la doctrine freudienne rendu inutilisable par son immersion totale dans l'inconscient. La théorie des instances, ou des fonctions, ou des lieux psychiques, en effet, à mesure qu'elle s'est développée a de plus en plus tourné le dos aux formes d'intégration et de construction de l'être psychique pour faire basculer celui-ci presque tout entier dans un Inconscient qui s'est trouvé topologiquement disposé dans l'ordre même qui était refusé à l'être conscient [...] au lieu de représenter les relations de l'Ics et du Cs, a "personnifié" et "chosifié" les instances de l'Inconscient.* »[90]

Si les notions de *personnification* et de *chosification* sont des concepts propres au vocabulaire eyien il n'en demeure pas moins qu'elles sont très explicites. *Personnifier,* c'est donner une existence autonome à quelque chose, c'est l'isoler. *Chosifier* est une autre manière d'isoler et de donner une autonomie, une chose est jetée là devant nous sans lien aucun avec celui qui regarde. *Personnifier* et *chosifier* les instances de la vie psychique donne l'illusion que ces instances existent par elles-mêmes à la manière des substances. Elles donnent l'illusion qu'elles sont co-présentes à l'être. Ainsi, on ne peut pas parler de l'inconscient comme s'il était une réalité autonome. Toutes les instances s'intègrent dans un processus et c'est dans ce processus qu'elles apparaissent et viennent à l'existence. *Personnifier* et *chosifier* ramène l'être se constituant à avoir une existence déjà préconstituée. Comme si dans la nature il existait quelque part un conscient, un inconscient, un surmoi ! Au contraire, pour Ey, l'être conscient est un système intégrateur qui réorganise selon son propre schéma l'ordre « naturel », qui constitue une véritable sublimation de l'ordre naturel, au sens freudien du terme.

---

[90] Henri Ey, *Traité des Hallucinations*, tome 2, éd. Masson et Cie, Paris, 1973, p. 1042.

« Cette théorie des "mixtes" et du dynamisme de l'être se retrouve dans beaucoup de philosophies [...] aussi chez Kant, dans la mesure même où il passe de l'esthétique à la dialectique transcendantale en posant la multiplicité même des actes intuitifs et synthétiques. »[91]

Ey rejoint Kant quand il interroge la possibilité d'une synthèse a priori de l'expérience qui ne peut se produire que du fait d'une conscience dont on ne peut rien dire car pour en dire quelque chose, il faudrait qu'elle devienne elle-même objet de perception, ce qui est impossible. Le « je » pour Kant est indicible car il est la condition de possibilité de la constitution de l'être au monde. Cette constitution est *a priori*, elle impose un cadre mais non un contenu. Quand on temporalise le processus de conscientisation, on fait apparaître la condition du processus, même si celle-ci est indicible. Avec Kant, Ey pose la condition de toute élaboration temporelle et confirme l'existence d'un *Sujet*.

L'être se dit de façon multiple selon le *champ systémique* dans lequel il se produit. Le processus de conscience est un de ces systèmes[92]. La condition de la vie psychique pour Ey, sa finalité c'est l'instauration de la vie autonome de la conscience. C'est pourquoi cette vie est orientée vers la réalisation de la liberté si on entend par cette notion, la vie autonome selon les règles de la raison en lien avec l'intention primordiale. Il en va tout autrement pour l'explication freudienne qui s'articule autour d'une causalité inconsciente qui soumet la vie psychique à sa domination. L'homme est un effet, il ne se produit pas lui-

---

[91] *L'Inconscient, VIe colloque de Bonneval*, Bibliothèque neuropsychiatrique de langue française, éd. Desclée de Brouwer, 1978, p. 13.

[92] C'est la raison pour laquelle Henri Ey a ébauché une psychologie animale et devient un précurseur en la matière.

même. Le *devenir humain* avec son corollaire le *devenir conscient* et le *devenir inconscient* permet de transformer les représentations qu'on se fait de l'homme en introduisant une dimension d'échange entre les sous-systèmes et au sein de chaque sous-système car rien n'existe en dehors des échanges. Un système qui se ferme sur lui-même disparaît comme tel en se réifiant. C'est ainsi qu'Henri Ey définit la maladie mentale comme une réification, un enfermement, comme l'impossible échange qui produit ce qu'il appelle la *pathologie de la liberté.*

Conclusion

Pour renouveler la psychiatrie, Henri Ey a commencé par mettre en cause les représentations qui accompagnent l'idée d'homme. La critique de la représentation lui a permis de comprendre que la psychiatrie constituait une théorie qui abstrayait l'homme de son environnement. Toute représentation de l'homme le fige, en fait un objet mental. Henri Ey propose une déconstruction de ces représentations sans jamais les remplacer par de nouvelles représentations, représentations impossibles car le devenir ne se représente pas. Il ne propose que le cadre du devenir sans jamais lui donner un contenu qui est par définition singulier. Toute représentation rejette la singularité. La théorie des systèmes correspond à toutes ces exigences, elle invite à penser selon une organisation rhizomique qui est ouverte et jamais fermée. Le psychisme apparaît comme le *champ de la conscience* qui s'actualise sans jamais se laisser enfermer dans un « champ » particulier. Le *champ* est toujours autre que lui-même dans un processus d'ouverture permanente qui se produit par les échanges entre les sous-systèmes. Pour la psychiatrie, la définition de la constitution de ce champ est essentielle car elle détermine les nouvelles explications du *normal* et du *pathologique.* Les modes d'apparition du champ et son devenir dans le temps conditionnent la notion de normalité à partir de laquelle le pathologique pourra être défini. Le *normal* est le processus qui constitue un système ouvert, intelligible aux autres, alors que le *pathologique* exprime le processus négatif d'enfermement, inintelligible aux autres. Le *devenir conscient* correspond au processus d'ouverture permanent, toujours renouvelé. Henri Ey l'appelle le processus de *liberté* tandis que le processus de fermeture est le processus qui enferme l'homme dans sa pathologie, il l'appelle la « *pathologie de la liberté.* »

Henri Ey propose une nouvelle direction de recherche, un nouvel outil d'investigation. Le monde humain est un monde ouvert qui n'existe que dans l'échange. Le normal est l'échange, le pathologique, l'enfermement. Cette approche permet de parler de la forme du normal et non plus de son contenu ce qui est une manière de sortir de l'impasse de la contradiction. Il n'y a aucun modèle humain préexistant simplement l'homme est un système d'échanges, un système ouvert qui le spécifie par rapport au monde physique qui est le monde qu'on définit souvent comme *partes extra partes,* le monde sans échange. La *théorie des systèmes*[93] lui a permis d'affiner les outils conceptuels dont il avait besoin pour mettre en place sa doctrine.

---

[93] La théorie des systèmes occupe une place centrale dans la compréhension de l'œuvre eyienne. Ce lien, à ma connaissance, n'a pas été mentionné. Pourtant, si l'œuvre de Bertalanffy a été contestée, il n'en demeure pas moins que l'idée d'une théorie des systèmes a fait sa place dans les sciences modernes, il suffit de lire les travaux d'Edgard Morin et Castoriadis.

L'œuvre d'Henri Ey s'inscrit dans un courant général de pensée qui remet en cause les présupposés métaphysiques qui ne permettent pas aux sciences humaines de faire leur révolution copernicienne. En même temps, l'inertie intellectuelle qu'ils véhiculent est un obstacle. Ils donnent une définition de l'homme inadéquate à la réalité singulière. S'il ne s'agissait que de construire des modèles théoriques le danger ne serait pas bien grand, mais les modèles constitués trouvent leur application dans les thérapies, c'est l'individu qui est mis en danger. On peut se demander si nous n'assistons pas à la véritable naissance de la psychiatrie.

La querelle doctrinale avec le freudisme

Le freudisme une révolution et une impasse

La querelle Ey/Freud est essentielle en psychologie. C'est l'histoire d'un parricide difficile à concevoir mais essentiel pour libérer la science psychiatrique des derniers obstacles qui l'encombrent. Henri Ey, à la manière de Platon vis-à-vis de Parménide, n'a d'autres solutions que d'accomplir le parricide du maître de la psychiatrie. Il doit démontrer que la psychiatrie freudienne est une impasse épistémologique qui, au lieu d'ouvrir la voie à une véritable science de l'homme, l'enferme dans des modèles obsolètes et véhicule un discours métaphysique tout en reconnaissant l'apport indéniable de l'inconscient[94] dans la vie psychique.

[94] Freud met en place la notion d'inconscient en liant l'inconscient à la pulsion et il montre ainsi que le socle de la vie psychique n'est pas le monde physique mais le monde pulsionnel. En ce sens, il propose une véritable révolution, l'homme n'est pas un être de « nature », au sens commun du terme, mais sa « nature » est pulsionnelle ce qui lui permet d'envisager une forme de vie spécifique dont il n'existe aucun modèle.

La réflexion psychiatrique ne commence qu'en interrogeant la difficulté du sujet à construire son propre champ d'expérience pour se constituer. L'existence d'un champ de la conscience se constituant est au cœur de toute thérapie psychiatrique. Le malade est celui qui ne parvient pas à constituer son propre champ de conscience. Le champ de la conscience est le moyen terme entre le sujet, autrui et le monde. Or, la question du sujet et de son champ de conscience est mise en suspicion dès l'apparition de la nouvelle psychiatrie scientifique qui prend le nom de psychanalyse[95]. Freud, qui en est le père, montre que la vie psychique est soumise au monde de la pulsion et que la fonction de la conscience est seulement de rendre possible son émergence dans un système social avec ses codes. La conscience n'est qu'un épiphénomène. La vie psychique doit concilier la pulsion et les règles de la société. La vie psychique est une résultante qui ne possède aucune autonomie.

La conséquence pour la psychiatrie est d'importance, c'est son statut même qui est mis en péril dans la mesure où le moi (la conscience) ne fait que calculer la faisabilité du désir (Freud la définit comme le *destin de la pulsion)* dans l'ordre symbolique où il doit s'inscrire. La vie psychique se

---

C'est la 1re topique, celle qu'aucun psychiatre, ni même Ey ne mettra en question. Cet inconscient est en rupture avec toutes les autres notions d'inconscients et en particulier celle des philosophes. Cet apport est celui de Freud.

[95] Cette idée d'une science psychiatrique est affirmée par Freud lui-même dans *Essais de psychanalyse*. Il pense accéder à un discours scientifique pour la psychologie en prenant comme modèle la science de la thermodynamique. Pourtant, cette science aurait dû interroger Freud avec plus de pertinence : ne dit-elle pas dans sa seconde loi que le vivant résiste à l'uniformisation qui est à l'œuvre dans la nature ? Que signifie cette résistance ? Cela signifierait-il que le modèle humain est différent ? Or, Freud, fidèle à la thermodynamique, affirme que la loi du système psychique est la recherche de la tension O, 1re loi de la thermodynamique.

réduit à actualiser la pulsion et la rendre conforme à l'ordre symbolique social. Le sujet et son monde disparaissent, la psychiatrie est une des formes de l'anthropologie. En tout cas le sujet n'a plus sa raison d'être. C'est ce que conteste Henri Ey. Contrairement à Freud, il affirme l'existence du sujet et de son monde, sans quoi la maladie psychique ne serait qu'une maladie sociale[96]. La vie psychique ne peut pas se réduire à un simple *appareil* comme le pense Freud. Elle est une vie de relations, une vie d'échanges entre sujets qui cherchent à produire un sens commun pour se reconnaître mutuellement. Le Sujet s'impose. Le monde du sujet ou champ de conscience n'a d'existence que relativement au sujet. Le champ de la conscience est la forme objective et intelligible du sujet. Le champ de conscience permet la commensurabilité entre tous les vécus singuliers. Freud participe par sa doctrine à la mise en question de la conscience et à la critique du sujet. N'est-ce pas Freud qui a écrit que la conscience n'est qu'un épiphénomène et que le sujet est une illusion[97] ? Comment soutenir l'existence du Sujet quand on prône l'inconscient au point d'en faire le moteur de la vie psychique ?

---

[96] Thèse défendue par les anthropologistes et surtout par M. Foucault. On comprend pourquoi Henri Ey a été si virulent par rapport à ce travail qui remettait en cause la possibilité même d'une science psychiatrique. *« Pour moi, je préfère opter pour cette interprétation ou, si l'on veut, ce modèle théorique, laissant à M. Foucault et à ses épigones conscients ou inconscients de leur psychiatricide (qui est même un génocide à l'égard du système de valeur de l'humanité), le triste privilège de penser que la démence vaut la raison, que le rêve vaut l'existence, que l'erreur vaut la vérité, que l'aliénation vaut la liberté » (conception idéologique de l'histoire de la folie de M. Foucault, l'*Évolution psychiatrique*, 1971, 26 avril-juin 1971).*

C'est ce dialogue douloureux que nous allons étudier.

L'apport freudien est indéniable, il est le fondement de toutes les théories contemporaines qui traitent du psychisme. L'importance de Freud est due à l'introduction de la notion d'inconscient. L'inconscient devient « la plus grande partie » du psychisme. Freud produit une révolution épistémologique par cette notion. L'idée d'un inconscient, en soi, n'était pas nouvelle, ce qui est nouveau est d'en faire le fondement de la vie psychique. En faisant de l'inconscient, le système du *ça*, Freud montre que la vraie réalité de l'homme n'est plus la réalité physique mais celle de la pulsion. C'est dans cette affirmation que la compréhension de la figure de l'homme dans le monde change radicalement. La réalité humaine n'est plus seulement le monde physique mais elle est en même temps le monde pulsionnel, et le devenir homme se constitue en intégrant non seulement le monde physique dans son champ de conscience mais encore la pulsion dans ce même champ si bien que la vie psychique consiste à objectiver (rendre matériellement visible) la pulsion pour faire advenir le sens. Dès lors, Freud ouvrait la possibilité d'une science psychiatrique autonome car son objet lui était propre. Malheureusement, il n'a pas exploité cette piste, il s'est contenté de constituer une anthropologie, là où il aurait pu constituer une ontologie particulière qui aurait fait de la psychiatrie une véritable réflexion sur le devenir humain. Freud en ne remettant pas en cause les outils conceptuels en vigueur à son époque et en cherchant un modèle dans la science physique de la *thermodynamique*[98] n'a pas pu rendre compte du processus intégrateur et donateur de sens que représente la vie psychique. Son analyse s'est constituée autour de la logique de la non-contradiction qui

[98] Freud donne cette information dans « essais de psychanalyse », trad. fr. de Jankelevitch, 1948, « *le moi et le ça* », p. 172.

l'a amené à opposer, à discriminer ce qui est collaboration, échange, rencontre. Freud réduit la vie psychique à un conflit alors qu'elle est un devenir intégrateur qui, de fait, cherche à rassembler et non à mettre en conflit.

« *La conscience, dit Freud, est la surface de l'appareil psychique. Elle apparaît comme une sorte de mince pellicule ou de hublot au travers desquels le psychisme entre en contact avec le milieu extérieur. Elle représente le lieu où se déroulent les phénomènes psychiques qui deviennent conscients, c'est-à-dire un système perceptif de la réalité et effectuer, conscience et conscience-perception sont constamment synonymes dans les textes freudiens.* »[99]

Cette conception de la vie psychique tombe sous le coup de la critique épistémologique eyienne. Le raisonnement freudien est un raisonnement duel[100]. La vie psychique ne peut pas à la fois être consciente et inconsciente. Elle sera donc inconsciente. Il appuie ses dires sur la fulgurance de l'inconscient dans la vie psychique sous la forme des phobies, des rêves, des lapsus, etc. Freud, pour soutenir sa thèse, s'appuie sur les travaux de Lipps et de Bernheim[101]. L'hypnose prouve comme l'empathie le lien fort entre l'inconscient et la conscience[102], leur mode de collaboration ne se fait que sur le mode du conflit. En justifiant la prépondérance du système inconscient, Freud réduit le

---

[99] Henri Ey, *La Conscience*, éd. Desclée de Brouwer, Paris, 1983, p. 394-395.

[100] Dans le *Traité des hallucinations* (p. 1058), Henri Ey fait remarquer « nous avons constamment exposé que la théorie psychanalytique « escamotait » purement et simplement la réalité comme pour se mouvoir plus aisément dans le « monde » des seuls phantasmes ».

[101] Freud a rencontré à plusieurs reprises Bernheim.

[102] Cette difficulté à comprendre les rapports entre l'inconscient et le conscient est développée dans son ouvrage *essai de psychanalyse* dans l'article sur le moi et le ça.

champ de la conscience à n'être qu'une boîte d'enregistrement. Il ne pense pas à la vie psychique comme une action dont l'origine serait une *intention* qui préparerait le champ de la conscience pour qu'il devienne un outil au service d'un devenir intentionnel, il pense, au contraire, que le système conscient a pour vocation de réaliser sous une forme socialement acceptable le diktat de l'inconscient. Le système conscient élabore des objets pour que l'inconscient s'y fixe. La vie psychique est soumise à la force de l'inconscient. Elle doit l'adapter, le concilier avec la vie sociale. Freud, du fait de sa conception logique duelle, ne peut qu'opposer les systèmes entre eux. Pour que la vie psychique ne soit pas une vie de conflits insolubles, il doit impérativement soumettre l'un des systèmes à l'autre système. Freud a clairement fait le choix de l'inconscient, ce faisant, il s'est interdit de comprendre le *devenir* comme le cadre des échanges entre le système conscient et le système inconscient[103]. La critique eyienne porte sur cette opposition radicale. En ne liant pas le devenir conscient au devenir inconscient et inversement, Freud fait de l'inconscient comme du conscient des réalités en soi, comme si leur existence était séparée. La vie consciente comme la vie inconsciente sont des moments du *devenir conscience.* La vie consciente comme la vie inconsciente n'est qu'une forme momentanée d'un *devenir conscience* s'actualisant. Chez Freud, l'inconscient et le conscient fonctionnent comme les substances cartésiennes et mènent aux mêmes impasses. Si Descartes par son dualisme s'interdit de comprendre l'union du corps et de l'esprit, Freud par son dualisme s'interdit de penser le Sujet comme lieu de rencontre des sous-systèmes conscient et inconscient et la vie psychique tout entière. En inventant la notion d'un inconscient autonome, en inventant la notion

---

[103] C'est ce qui explique la rupture entre la 1re et 2nde topique dans l'œuvre de Freud.

même d'inconscient telle qu'elle est pensée aujourd'hui, Freud se condamnait à reproduire l'ordre des logiques qui s'incarne dans la catégorie de la quantité. Pour Freud, « *la conscience forme seulement la surface de l'appareil psychique* », et l'inconscient représente la véritable réalité psychique.

L'impasse dans laquelle s'est enfermé Freud est liée à l'histoire même des notions de conscience et d'inconscience. La notion d'inconscient au sens psychanalytique du terme se forge au XIXe siècle avec des auteurs aussi différents que Braid, Charcot, Bernheim ou P. Janet. Tous ces auteurs ont en commun de s'intéresser au problème de l'hypnose et aux formes d'automatisme hystérique. Leur projet commun est de rendre compte de l'hypnose, des automatismes et idées fixes hystériques et des états de somnambulisme. Le domaine spécifique de ces recherches circonscrit et limite la réflexion générale sur l'inconscient et le conscient. La recherche abstrait des processus qui dans les faits n'ont aucune autonomie. On parvient ainsi à l'idée qu'il peut y avoir chez une personne des agissements séparés de la personne consciente. L'hypnose met en avant que des personnes soumises à ces expériences peuvent avoir des comportements dont elles n'ont pas la conscience de la cause. Ces approches convergent pour former une représentation de ces problèmes qui met en avant une activité réelle de l'inconscient qui peut se substituer à l'activité consciente. L'inconscient prend possession de la personne et peut se substituer totalement au système conscient. Ces expériences et ces études laissaient penser qu'il pouvait exister un inconscient autonome.

Il est indéniable que l'apport de ces études consiste à mettre en évidence l'inconscient. Toutefois, isoler un phénomène et oublier de le remettre dans son contexte répond et satisfait la logique de la non-contradiction mais ne permet pas de penser selon la catégorie de la relation. Pierre Janet[104] avait tenté de montrer cette impasse mais il n'y eut malheureusement pas de suite. P. Janet avait insisté sur le fait que ces états ne pouvaient se produire qu'à l'occasion d'« états crépusculaires », K. Jaspers[105] dans son traité de psychopathologie insiste pareillement sur le fait que ces états se produisent à l'occasion d'états de « rétrécissement de la conscience ». Tous deux avaient tenté de lier ces comportements à des troubles de la conscience. Leurs remarques ne furent pas prises en compte. Ceci montre qu'il existait bien, dès le début des travaux sur l'inconscient, une école de pensée qui n'allait pas dans le sens d'une simple étude quantitative de la vie psychique.

Henri Ey, en disciple de Janet et de Jaspers, se demande comment la position psychanalytique a pu triompher alors que se posait un réel problème épistémologique qui, semble-t-il, n'a jamais été discuté. La première conception, soutenue par P. Janet, insistait sur les liens entre les troubles de la conscience et la survenue de comportements inconscients ; la seconde position défendue par S. Freud, affirmait, au contraire, la toute-puissance de l'inconscient qui était la cause déclenchant les troubles de la conscience. C'est cette dernière position qui a triomphé dans l'espace psychiatrique. Pourtant, elle repose sur un malentendu et une négation du problème. La position freudienne parvient à cette conclusion paradoxale que les troubles de la conscience n'existent pas car la conscience cherche

---

[104] Pierre Janet (1859-1947). Il est d'abord un philosophe avant de devenir un psychologue. Il est une figure majeure de la psychologie française du XIXe siècle pour avoir introduit la notion de « subconscient ».

[105] Karl Jaspers (1883-1969). Psychiatre et philosophe, représentatif de l'existentialisme chrétien.

simplement à concilier l'inconscient et la « réalité ». La conscience n'est que l'interface entre le monde extérieur et l'inconscient. Le système conscient n'a aucun pouvoir ni aucune prérogative.

« *Comment peut-on prétendre définir le psychisme par l'inconscient en esquivant le problème de la conscience, comment peut-on parler de rôle pathogène de l'inconscient sans s'apercevoir que les troubles mentaux, même s'ils proviennent de l'inconscient, se jouent sur le plan de la conscience et posent par conséquent, du même coup, le problème de la vulnérabilité de la conscience ?* »[106]

Comment l'inconscient, qui est une forme pulsionnelle, pourrait-il venir troubler la vie consciente si la pulsion n'opposait pas une résistance au monde symbolique de la conscience ? Freud, lui-même, a compris cette difficulté puisqu'il a mis en évidence deux inconscients : le ça et le refoulé. Il n'en a, malheureusement, pas tiré les conclusions qui s'imposaient. L'opposition d'Henri Ey à S. Freud s'inscrit dans cette problématique.

Freud dans une première période (1re topique) avait pensé l'inconscient comme le « refoulé » puis dans une seconde période (2nde topique) il a donné la priorité à l'inconscient en faisant de l'inconscient un système fermé sur lui-même avec sa propre logique (forme et finalité). Le système inconscient n'avait plus, dès lors, rien à voir avec le système conscient. L'argument freudien s'appuie sur la structure du rêve. Il remarque que dans le rêve c'est l'imaginaire qui tente de s'actualiser. Il en conclut que le rêve met en évidence la structure même de l'inconscient[107].

---

106 Henri Ey, *Étude psychiatrique*, n° 27, vol. II, tome III, éd. CREHEY, Perpignan, 2006, p. 666-667.
107 Freud, *L'interprétation du rêve*, éd. Point, psychanalyse, 2013.

Henri Ey fait remarquer que Freud précise qu'il s'agit, en fait, d'une véritable « régression ». Or, s'il existe bien une « régression », il faut prendre la « régression » pour ce qu'elle est. Une « régression » n'est pas simplement un retour vers une origine. Dans ce cas, la « régression » serait d'ordre spatial, ce qui dans le rêve ne peut pas être. L'idée de « régression » implique un retour négatif, c'est davantage un repli, une tentative de trouver une voie médiane pour sortir d'une impasse. Henri Ey montre que la « régression » possède une face positive qui correspond à la satisfaction d'un besoin (les phantasmes). Toutefois, la part négative de la régression doit être pensée dans le cadre général du rêve qui se produit à l'occasion du sommeil, c'est-à-dire dans un moment d'affaiblissement de la structure consciente. C'est en négligeant ce fait qui rend compte de la possibilité du rêve que Freud peut donner une force à l'inconscient, force qu'il ne possède pas. Dans une situation ordinaire, la production de phantasme ne se produirait pas. Cette attitude critique réhabilite les positions de P. Janet et sa psychopathologie. En tout cas, si l'on veut donner à l'inconscient l'importance que la psychanalyse lui a donnée c'est au prix de l'oubli de la conscience comme structure structurante. Comment Freud a-t-il pu nier la valeur du système conscient ?

La valorisation de l'inconscient dans la psychanalyse

Freud dans tous ses écrits comme dans les schémas qu'il a lui-même dessinés de l'*appareil psychique* présente la conscience comme un lieu d'enregistrement des perceptions externes ou internes. La conscience est un peu comme la paroi de la caverne de Platon, le lieu où se projettent les ombres de la vie psychique. Elle ne fait que lier en toute neutralité ce qui se passe à l'extérieur (sensations) et ce qui se passe à l'intérieur (pulsion). La conscience est une structure passive de l'appareil psychique, une structure où se reflète la vie, un peu comme une scène sur laquelle se dérouleraient des situations auxquelles elle ne participe pas. Ce n'est pas fortuitement que Freud présente la conscience sous cette forme, c'est bien sa conception définitive de la conscience qui est ainsi exprimée. Elle est intégralement expliquée dans *la science des rêves* et théorisée dans l'*essai de psychanalyse.*

« *Encore une fois, en d'autres termes : la psychanalyse se refuse à considérer la conscience comme formant l'essence même de la vie psychique, mais voit dans la conscience une simple qualité de celle-ci, pouvant coexister avec d'autres qualités ou faire défaut.* »[108]

Il ne voit dans la conscience qu'une qualité de l'inconscient. La conscience est une manière d'être de l'inconscient. On pourrait même dire qu'elle améliore qualitativement l'inconscient. Cette idée voudrait simplement préciser que la conscience permet à l'inconscient d'exister comme une réalité, en l'objectivant.

L'attitude freudienne vis-à-vis de la conscience s'écrit dès la *science des rêves*. C'est un parti-pris originel, une prise de position théorique qui ne se démentira jamais. Dans *la science des rêves*, la conscience n'y est considérée que comme un organe supérieur sensoriel. La seule fonction dynamique qu'on pourrait, apparemment lui trouver serait une capacité à fonctionner comme un organe de censure. La fonction de censure serait liée à la nécessité de soumettre toutes les informations à la pensée symbolique. En faisant de la conscience un simple instrument logico-éthique (avec

---

[108] S. Freud, *Essai de psychanalyse*, art. « *La conscience et l'inconscient* », éd. Payot, 1968, p. 179.

l'apparition du surmoi) Freud ôte toute possibilité pour la conscience d'être une force refoulante :

« *Ainsi, le concept même de conscience se vide de tous ses attributs pour ne demeurer qu'une surface de perception dont on se demande comment elle peut être "l'instrument d'adaptation au réel" en n'étant que le reflet des forces du ça, de ce "Contre-ça" appelé "Sur-Moi" et de ce "Sur-ça" appelé "Moi."*[109] »

La théorie psychanalytique ne présente pas une théorie dynamique de la conscience. La conscience n'est jamais envisagée comme une force structurante. Les différentes instances de la vie psychique sont présentées sous la forme d'une accumulation ou agrégation d'instances qui ne possèdent aucun lien dynamique entre elles. Les positionnements et les fonctions de chaque instance restent incompréhensibles car il n'existe aucune organisation hiérarchisée de l'ensemble qui garantisse son fonctionnement en finalisant l'ensemble : comment des instances si différentes peuvent-elles collaborer si elles ne possèdent pas une interface qui puisse les rendre commensurables ? C'est pour sortir de cette aporie que Freud n'hésite pas à concevoir le conscient comme une « chambre d'enregistrement ». Le conscient peut-il être ignorant de ce qui se passe dans l'inconscient ? Cette juxtaposition des différentes instances de la vie psychique interdit de comprendre l'organisation même de la vie psychique. Ce qui échappe à la psychanalyse c'est la question du sens. Ce n'est pas un hasard si Freud parle d'un *appareil psychique*. Il l'apparente à une organisation mécanique. Dans son descriptif de l'*appareil psychique* Freud est très clair pour ce qui concerne la conscience.

[109] Henri Ey, *Étude psychiatrique* n° 27, éd. CREHEY, Perpignan, 2006, p. 670.

« *Je puis vous assurer que cette hypothèse brute de deux locaux, avec le gardien se tenant sur le seuil entre les deux pièces et avec la conscience jouant le rôle de spectatrice au bout de la seconde pièce, fournit une idée très approchée de l'état de chose réel.* »[110]

Freud ne conçoit pas le psychisme autrement que sous la forme d'un appareil. C'est pourquoi il n'y a pas d'organisation hiérarchique qui rendrait compte d'une finalité du système. Sans finalité, comment comprendre la notion de *refoulé ?* Si la *fonction conscience* consiste à seulement rendre commensurables les sensations et les émotions, sa fonction est purement mécanique. La conscience se réduit à n'être que la faculté de représentation de l'inconscient. La conscience serait l'instance qui donnerait une représentation aux pulsions, un objet. Ces objets seraient, ensuite, sélectionnés par le surmoi qui est le regard extérieur des valeurs sociales. L'inconscient serait gros des « formations figuratives et substitutives des pulsions ». La conscience permet à l'inconscient d'accéder au sens de la pulsion à son objectivation. Mais la conscience n'aurait aucun rôle actif dans ce processus, elle ne ferait qu'entériner les pulsions, leur donner une représentation. Pourtant, représenter la pulsion n'est-ce pas un acte constructif ? C'est cet argument que reprend Henri Ey contre Freud. L'action de représenter n'était pas une action neutre. Le fait de représenter est un acte de substitution qui suppose un choix entre plusieurs représentations possibles. Ces représentations ne peuvent être sélectionnées que par rapport à une *intention*. On comprend alors la fonction de vigilance qui correspond à l'unité référentielle de la conscience. Ce « vigile » est l'ensemble des normes et valeurs. Or, le « vigile » ne peut pas être à la fois la

---

[110] S. Freud, *Introduction à la psychanalyse*, éd. Petite Bibliothèque Payot, 1974, p. 277.

référence et celui qui sanctionne. C'est la représentation qui est adéquate à la norme ou qui lui est inadéquate, la fonction de jugement ne peut qu'être attribuée à la conscience. Il n'y a qu'elle qui peut être l'instance refoulant. Le refoulé ne peut être que le résultat d'un choix, d'une conscience. Il est contradictoire de pouvoir penser que le refoulement se produit par l'inconscient lui-même comme la théorie freudienne finira par l'admettre. En fin de compte, Freud admet que le refoulement a cessé d'être l'effet d'une censure consciente. Mais alors comment l'inconscient peut-il encore être le « refoulé » ? Il ne peut plus y avoir de refoulé. En faisant de la conscience un épiphénomène, une pellicule à la surface de l'appareil psychique, Freud pose que toute l'énergie de la vie psychique est produite par l'inconscient. L'inconscient est le cœur du système de la vie psychique, la conscience n'étant plus que l'interface entre ce système et le monde extérieur. La vie psychique est horizontale, sans la profondeur qui lui donnerait une perspective. La conscience ne fait qu'adapter l'inconscient au *principe de réalité.* L'explication freudienne est purement mécanique. La notion d'« appareil » n'était pas un choix anodin pour Freud. Entre le monde de la pulsion et le monde de la perception, il fallait organiser une machinerie qui rende compatibles les deux systèmes. Leur commensurabilité se produit dans le monde symbolique du langage. Dès lors, même si cet ordre suppose un système de valeurs et de normes contraignantes, il n'en demeure pas moins que la fonction finale de cet appareil est de permettre la réalisation de la pulsion dans le monde. Cet appareil est au service de l'inconscient, c'est lui qui dicte sa loi au monde conscient qui n'est que le reflet de cet ordre inconscient. On ne peut parler que de reflet dans la mesure où ce n'est jamais la pulsion qui est « au monde » mais son substitut. Le monde de la perception consciente est le reflet de l'inconscient. La fonction de l'appareil psychique est double : d'une part, permettre la représentation de l'inconscient et d'autre part, en donnant une représentation à la pulsion réduire la tension qui risquerait de mettre à mal la vie psychique. L'inconscient dans un tel système possède une absolue autonomie qui est à l'origine de la contradiction du système freudien. L'inconscient dans la mesure où il se dit sous la forme de mots et d'images substitués n'est en fin de compte jamais présent mais toujours hors de portée de la conscience. C'est pourquoi Freud ne pouvait pas dire sans se contredire que la conscience n'était qu'un épiphénomène. Le fait même que le travail de la conscience soit un travail de substitution, de représentation de l'inconscient suppose qu'elle a un rôle majeur à jouer dans cet « appareil psychique ». Le travail de la conscience même s'il n'était qu'un travail de représentation ne pouvait pas être traité de la sorte. La conscience dans son activité de substitution éloigne l'inconscient, le sépare. La représentation de l'inconscient ne peut jamais coïncider avec l'inconscient lui-même avec la pulsion elle-même. Or, l'inconscient représenté n'est plus inconscient, il est bien dans le système conscience comme toute représentation, il est un symbole qui donne à penser. Seul l'inconscient qui ne peut pas être représenté reste inconscient *in adjecto*. Il est impossible de pouvoir dire que la vie psychique est une vie dont le moteur est inconscient.

« *En définitive, dire que quelque chose échappe à la conscience revient à la faire s'y présenter d'une certaine manière où elle est à la fois présente et absente, c'est-à-dire comme un texte à déchiffrer. C'est l'obligation, la fatalité de ce hiéroglyphe qui constitue la réalité et la problématique de l'Inconscient. Comme nous l'avons déjà vu, toute apparition implique, en effet, un fond sur lequel elle se détache et dans lequel elle se cache. Et c'est seulement quand le texte lacunaire, le cryptogramme est déchiffré, que l'inconscient paraît à celui qui a su en transpercer l'opacité.* »[111]

Le fait pour l'inconscient de se dire sur le mode de la représentation sur le mode textuel de la conscience implique forcément son effacement, sa soumission à la conscience. Il n'est pas possible de penser la conscience comme une instance insignifiante dans le système du devenir humain. Le fait pour l'inconscient d'accéder à la conscience, c'est changer sa destinée. La conscience encadre, oriente vers un nouveau destin car la conscience introduit l'intention dans le système, c'est-à-dire la possibilité du sens. De fait l'inconscient en entrant dans l'espace symbolique du langage, des images et des mots, n'est plus l'inconscient, il est devenu l'autre de lui-même. Il devient un étranger pour lui-même car pour y accéder par un processus de régression, il faut déchiffrer le masque des mots et des images pour le faire apparaître. Son accès au système conscient le fait apparaître comme inconscient. L'inconscient est le produit de la conscience et non l'inverse. Freud a inversé la perspective parce qu'il a mis à jour l'inconscient et ignoré la dynamique intentionnelle de la conscience. En séparant le processus du *devenir inconscient* du processus du *devenir conscient*, en ne comprenant pas le conflit entre la pulsion et l'intention, Freud a figé les instances de la vie psychique, les a abstraites et en a fait des réalités absolues, c'est pourquoi sa doctrine apparaît comme un rejeton de la métaphysique.

L'approche freudienne ne peut pas être prise « à la légère », son incapacité à rendre compte de la vie psychique est éclairante pour les démarches futures. Sa faillite montre les limites d'une méthode articulée autour du principe de

[111] Henri Ey, *La Conscience*, éd. Desclée de Brouwer, Paris, 1983, p. 406-407.

non-contradiction qui exclue, là, où il faudrait mettre en évidence des relations.

« *Naturellement, si au lieu de nous adresser à Freud nous nous référions à ses élèves, nous trouverions chez tous les mêmes ambiguïtés, si bien qu'on ne sait plus où on en est actuellement de la théorie psychanalytique de l'appareil psychique.* »[112]

La Psychanalyse en introduisant la notion d'inconscient transforme la réflexion sur la conscience. Introduire l'idée d'un *refoulé* dans la vie consciente amène à penser que la conscience n'est pas un fait établi mais qu'elle est un devenir et que son devenir se produit dans des relations conflictuelles entre les instances de la vie psychique. Si la conscience n'est pas, comme le répète Henri Ey, un substantif, une réalité qui serait toute constituée, l'actualisation de sa présence suppose une structuration qui ne peut pas aller sans difficulté.

La vie psychique consciente concilie une multiplicité de plans : l'exigence de la raison, la réalité pulsionnelle, l'intentionnalité de la conscience, la sensibilité, etc. La vie psychique correspond au moment où tous les pans vont de concert et de conserve. Elle concilie deux systèmes, le système inconscient (celui positif du désir) et le système conscient (celui négatif de la Loi). Le *devenir conscient* implique dans sa structuration dynamique un conflit permanent entre ces deux systèmes. La psychanalyse en réduisant les différentes instances de la vie de conscience à des réalités séparées n'a pas pu mettre en évidence la richesse de cette vie conflictuelle, hiérarchisée et dynamique. Elle a pensé d'une manière substantive le *moi*,

---

[112] Henri Ey, *Étude psychiatrique*, n° 27, vol. II, tome III, éd. CREHEY, Perpignan, 2006, p. 671.

le monde, l'inconscient, la conscience, et a réifié la vie psychique. La réalité, pas plus que la conscience et les autres instances ne sont données, chaque instance se constitue en constituant les autres instances dans un devenir temporel sans fin. Comment un inconscient pourrait-il exister sans un refoulement qui lui-même est lié à la conscience ? Le *principe de réalité* est pensé, dans le freudisme, comme un absolu alors qu'il n'est qu'un relatif, il ne peut pas se penser sans être mis en lien avec le *principe de plaisir.*

L'être conscient n'est pas monolithique, il possède une *réalité pluridimensionnelle.* La « réalité » est un mixte, au sens bergsonien du terme. La « réalité » est le lieu où convergent la pulsion, la volonté, l'esprit, etc. pour constituer un monde propre à l'homme : le monde intentionnel. La « réalité » est une rencontre *hic et nunc.* L'état général de la relation exprime l'état du système conscience à un moment donné.

Le freudisme nous enferme dans une logique binaire qui oppose le conscient et l'inconscient par rapport à une réalité dans laquelle l'individu doit s'intégrer. C'est une vision mécanique. Ne faudrait-il pas penser tout le processus comme le processus d'émergence de la conscience en un lieu et un instant ? Cette émergence est un processus sans fin qui mettant en relation la dimension rationnelle, la dimension intentionnelle, la dimension pulsionnelle, la dimension sensitive, produit un milieu qualitatif et de sens. La vie psychique de la conscience correspond à l'émergence de la subjective. La subjectivité est, au sens étymologique, le fait de soumettre, de faire converger. La conscience est le processus de subjectivation du monde, le processus qui donne de la qualité. Le devenir conscient exprime cet état de convergence en un temps et un lieu donné et il n'est jamais définitif.

La conception dynamique et finalisée du devenir conscient transforme notre compréhension de la vie psychique et remet en question les représentations monistes et dualistes de l'homme.

Le renouvellement de la représentation de l'homme et des maladies

La nouvelle approche de la conscience sous la forme d'un devenir conscient nous amène à redéfinir la représentation que nous nous faisons de l'homme. L'homme n'est plus un donné qui émergerait dans un monde tout fait dans lequel il devrait tant bien que mal s'adapter, il est un devenir qui se constitue en constituant son *champ de réalité* qui, par contrecoup, le constitue comme une réalité. Le devenir humain produit une réalité qui est le *champ de la conscience*. Il n'y a plus de *moi* ni de *monde* ni de *conscient* ou d'*inconscient*, il n'y a qu'un *champ de conscience.* La nouvelle représentation de l'homme est une représentation dynamique et finalisée. Le monde n'est plus un ensemble de parties juxtaposées mais une mise en relation d'éléments distincts qui se solidarisent pour constituer un champ signifiant. Ce que l'on appelait le « monde » a disparu pour laisser place à un champ signifiant, un champ porteur d'une qualité, d'un sens que lui donne le sujet qui en est son centre. Dès lors, puisque tout est lié, l'ensemble constitué est l'expression *hic et nunc* d'un sujet se constituant et le « monde » n'est plus l'objet neutre de la science mais *mon* monde porteur d'un sens exclusif qui objective le sujet à lui-même et aux autres. Il est évident que des notions comme le *normal* ou le *pathologique* prennent une tout autre signification. La norme n'est plus externe, elle est interne ; elle n'est plus quantifiable mais elle est qualitative. Pour le sujet qui se constitue en constituant son monde « être malade » signifie son incapacité à produire une relation finalisée et ouverte.

Henri Ey rappelle que les représentations de l'homme qui ont cours ne permettent pas de comprendre le processus de conscience et ses involutions que sont les maladies mentales car elles sont marquées du sceau de la métaphysique. La préface de l'ouvrage sur *la conscience* précise ce sens. La *conscience* quand elle est prise pour une réalité alors qu'elle n'est qu'une idée, est un discours métaphysique. On parle de la conscience comme si elle était une chose qu'on peut définir comme un objet, d'une manière objective et extérieure à tout sujet. Cette approche induit des comportements intellectuels qui finissent par devenir de véritables obstacles épistémologiques. Parmi ces obstacles, il en est deux qu'Henri Ey mentionne tout particulièrement : l'obstacle dualiste et l'obstacle moniste. Ces deux manières de penser correspondent aux manières intellectuelles de poser le problème. Chacune de ces approches contribue à la perpétuation de l'approche métaphysique.

La position idéaliste

Elle fait de la conscience une âme qui existerait indépendamment de chacun et qui viendrait s'incarner dans le monde. En s'incarnant, elle devient étrangère à ce monde et prisonnière du corps qu'elle occupe. Le monde ne peut pas lui permettre d'exister puisque la matière et l'âme sont incommensurables. C'est la position tant de Platon que de Descartes. C'est ce qui explique que pour ce dernier l'union de l'âme et du corps ou la troisième substance relève du miracle.

La position matérialiste

Elle rejette l'idée d'une âme transcendante et immuable. L'âme devient l'esprit qui est le résultat d'un processus de la matière. La conscience devient un épiphénomène de la matière.

Ces deux positions sont des impasses car elles finissent par réduire le processus de conscience à une seule dimension. Les composantes du processus sont exclusives l'une de l'autre : moi/monde ; sujet/autrui ; conscient/inconscient, etc. Henri Ey voit dans ces antinomies l'épuisement de la pensée occidentale et le nécessaire retour à un autre type de pensée. Pour lui, un retour à la pensée présocratique permettrait de sortir des impasses actuelles. Ces impasses sont la conséquence d'une histoire de la pensée européenne qui s'origine dans les questions religieuses et notamment celle d'« âme ». Le problème émerge avec Aristote dans un des textes qui a fondé la polémique et qui s'intitule *de l'âme*. Il y est question des différentes formes de l'âme depuis l'âme sensitive jusqu'à l'âme intellective. Cette perspective va orienter la querelle des religieux et des non religieux. En tout cas, la notion d'âme deviendra une notion centrale de la recherche philosophique européenne : qu'il s'agisse de la valoriser ou qu'il s'agisse de vouloir en faire un épiphénomène. C'est l'opposition entre Descartes et les matérialistes. Cette manière d'aborder la question de l'homme n'est-elle pas déjà un parti-pris orienté par la logique ou manière de penser ? Penser l'homme par rapport à l'existence ou non de l'âme, c'est en fait interroger la possibilité d'une commensurabilité entre les différents éléments qui composent l'homme et qui sont par définition hétérogènes. L'âme sert de *tiers exclu* pour expliquer l'homme d'une manière rationnelle. Tant que ce questionnement n'est pas renversé, toute réflexion sur le *Sujet* est irrévocablement marquée du sceau de la métaphysique.

Le problème central de la psychiatrie est celui de l'existence ou non du Sujet. La psychiatrie doit poser la réalité du *Sujet* tout en demeurant une science et non une croyance. Il n'y a pas de psychiatrie sans l'affirmation de l'existence d'un Sujet. Comment un *Sujet* peut-il exister si ce *Sujet* s'origine dans une âme transcendante ? Comment peut-il y avoir un *Sujet* si l'homme est un pur produit de la nature ? C'est autour de la question centrale du *Sujet* qu'il y a le débat. Comment pourrait-il y avoir une vie psychique s'il n'y avait pas de *Sujet* ? Mais l'existence du sujet est intimement liée à son arrachement de la nature et à sa capacité à la subsumer sous ses règles. Pour qu'il y ait un *Sujet*, il faut qu'il puisse être responsable de ses actes. Pour que cette responsabilité ne soit pas un vain mot, le *Sujet* doit être aux prises avec le monde qu'il tente de soumettre à sa loi.

C'est bien à partir de Descartes que tous ces problèmes de la philosophie européenne contemporaine sont apparus. C'est dans ce droit fil qu'Henri Ey trouve l'inspiration de sa recherche. Sa recherche, d'inspiration philosophique, est en fait un dialogue avec le neurologue et psychiatre Jackson. Jackson a été le premier psychiatre à remettre en cause les modèles statiques de la maladie mentale. Que ce soit la psychiatrie ou la philosophie, aucune science ne peut faire l'économie d'une étude de la conscience. La psychiatrie rencontre les mêmes impasses que la philosophie. La réflexion psychiatrique sur la maladie mentale se heurte aux mêmes apories que la philosophie quand elle traite des passions. La maladie mentale est divisée par les deux termes de sa propre contradiction, maladie qui renvoie au physique et mental qui renvoie à l'âme.

« *Qui ne voit qu'il s'agit dans les deux cas de la même contradiction, celle du "dualisme psychiatricide" qui divise l'humanité dans une perspective manichéenne en deux groupes (racisme pathologique), ou le groupe des malades mentaux en deux sous-groupes en faisant jouer l'un contre l'autre les deux termes de la contradiction : maladie (physique) mentale (moral).* »[113]

Henri Ey constate que les controverses sur le plan de la métaphysique dualiste ont été le fond de la recherche en psychiatrie et comme le dualisme ne pouvait pas permettre de comprendre la maladie mentale, elle a ouvert la voie à l'autre versant de la psychiatrie qui est le mécanicisme. L'une ou l'autre des positions reste métaphysique, s'appuie sur le même *a priori* d'ordre logique : le principe de non-contradiction. Qu'il s'agisse du dualisme métaphysique qui pose l'âme transcendante ou du mécanisme qui pose que l'âme soit le produit d'un état particulier de la matière, on affirme toujours que les positions sont contradictoires logiquement. Or, s'il est vrai que la pensée peut rendre compte de l'univers selon le principe de non-contradiction, peut-on en déduire que la vie psychique peut s'étudier selon un même modèle ? La vie psychique ne satisfait pas au principe de non-contradiction. On en revient à la critique de

[113] Henri Ey, *Des idées de Jackson*, éd. L'Harmattan, Paris, 1997, p. 17. Dans ce texte, en s'appuyant sur les études psychiatriques n° 3 et n° 4, Henri Ey précise qu'une conception mécaniciste de la psychiatrie à l'abri du dualisme cartésien, s'est développée.

l'aristotélisme et de ses conséquences sur l'approche du vivant.

Étude n° 4

L'étude n° 4[114], consacrée à la maladie mentale, résume parfaitement les obstacles épistémologiques qui enferment la psychiatrie et lui interdit de pouvoir élaborer une définition adéquate de l'homme et, par contre coup, d'avoir une définition de la maladie mentale en lien avec le processus de conscientisation. Les deux grands obstacles sont le *monisme* et l'*idéalisme.*

C'est entre ces deux perspectives qu'oscillent les thèses des psychiatres. L'une et l'autre étudient la maladie mentale en prenant modèle sur la médecine sans tenir compte de la spécificité du devenir humain. La maladie mentale y est analysée comme une déficience alors qu'elle est une incapacité à la relation à soi, au monde et aux autres. Elle n'est pas une maladie comme n'importe quelle autre maladie, on ne l'explique pas par une causalité externe. Elle est un blocage du processus de conscientisation, de la mise en relation des différents plans de l'être dans leur actualisation. Il ne suffit pas de réparer comme en médecine. C'est la logique de la relation qui doit être mise en œuvre et non celle de la causalité. Henri Ey a été mis sur cette voie de recherche par les travaux de Huglings Jackson, qui apparaît comme une exception. Il est le premier psychiatre à avoir eu l'intuition d'un modèle explicatif organo-dynamique. Il pense la maladie mentale selon un modèle dynamique, c'est-à-dire hiérarchisé et finalisé. En cela, il est le premier à avoir eu l'intuition que la maladie

---

114 Henri Ey, *Étude psychiatrique*, n° 4, vol. I, tome I, éd. CREHEY, Perpignan, 2006.

mentale est la maladie de la constitution d'un système singulier.

L'étude n° 4 commence par un constat grave qui postule qu'il n'existe pas de science psychiatrique. C'est à tort qu'on fait usage du terme de « science » pour un savoir qui véhicule toujours un discours entaché de présupposés métaphysiques.

L'impasse dans laquelle se trouve la psychiatrie est le résultat de son obstination à vouloir se définir en fonction du modèle médical. Dès lors, les explications de la maladie mentale se font sur le modèle de la science médicale qui s'appuie sur la causalité externe. La maladie mentale aurait une cause externe. L'idée qu'elle pourrait être une maladie de la relation n'est jamais pensée. Cette approche est significative du problème. Les deux grandes écoles psychiatriques (moniste et idéaliste) qui, en apparence, proposent des explications différentes, sont à l'unisson. Leurs différences ne sont qu'apparentes. Les tenants du *mécanisme* affirment que la maladie psychique est organique. Ils s'appuient sur les travaux de Claude Bernard qui n'a cessé de dire que c'est par la « physiologie » que pourrait s'expliquer la « pathologie ». Pour les mécanistes, les causes de la maladie mentale sont externes, ce qui fait d'elle une maladie mentale physique ou sociale. Elle correspond à une représentation déterministe de l'homme[115]. Les tenants de l'idéalisme affirment, *a contrario,* que la maladie mentale est purement psychique. La question est, alors, de comprendre comment le psychique peut avoir une traduction physique. Si le psychisme a une vie autonome comment peut-il être en lien avec le corps ? La thèse des *idéalistes* reprend sans le dire

[115] L'antipsychiatrie comme le philosophe Michel Foucault sont les icônes de cette tendance.

explicitement celles de Descartes et ne peut pas rendre compte de *l'union* psychique, du pulsionnel et du physiologique dans le *champ de la conscience.* En résumé, penser la maladie mentale sur le modèle de la maladie physique est contradictoire car c'est poser qu'il n'existe pas de différence entre ces deux catégories de maladie, en contrepartie, dire qu'elle est proprement psychique c'est dire qu'elle ne peut pas exister car le psychisme ne peut pas se corrompre tout seul, à moins d'accepter d'énoncer des propositions contradictoires. La vie psychique n'est pas régie par les cadres légaux du déterminisme. Si la maladie mentale était soumise au déterminisme comment expliquer que des personnes soumises aux mêmes conditions environnementales (organique et sociale) ne produisent pas toutes la maladie ? C'est la raison pour laquelle toute référence à la maladie mentale qui s'apparenterait à une maladie de type médical fausse le problème. Quand on aborde sur un plan théorique la maladie mentale, on doit se situer dans le cadre de la vie psychique qui ne se comprend qu'au travers de la vie de relation. Lorsqu'on parle de maladie mentale, on parle d'une pathologie de la vie de relation.

La relation est la « réalité » du *devenir conscient*. La vie psychique doit se comprendre dans le cadre de la relation : relation au monde, relation aux autres, relation à soi. Toutes les théories qui font abstraction de ce thème de la relation nient la vie psychique et se mettent dans l'impossibilité de comprendre l'existence de la maladie mentale.

« *Dans le domaine de la pathologie de la vie de relation et spécialement de la Psychiatrie, il est bien plus évident encore qu'être ou devenir malade mentale, c'est-à-dire être altéré ou aliéné dans son humanité, est très différent que d'avoir subi une infection ou un traumatisme externe, car les effets de la maladie mentale ne sont pas des accidents vitaux mais plutôt les aspects phénoménologiques d'un bouleversement plus global de l'organisation de l'être psychique.* »[116]

La maladie mentale n'est autre qu'une relation impossible à soi, au monde et aux autres. La désorganisation de la vie de relation est au cœur d'un devenir malade. La vie de relation se noue sur tous les plans à la fois et produit un système singulier qui lui est propre et qu'on appelle la *vie psychique*. Le système de cette vie possède ses propres lois, sa propre organisation car c'est un système qualitatif singulier. On ne peut pas rendre compte de ce système sans mettre en place un outil logique autre que celui qui se fonde sur des études du quantifiable. La vie du corps et la vie de l'esprit produisent un *corps* singulier du fait d'une réelle relation entre ces deux *substances.* La vie de relation n'est ni organique ni spirituelle, elle est un mixte de tout cela à la fois. Or, lorsqu'Henri Ey dénombre les approches de la maladie mentale, il ne trouve que les deux approches du *monisme* et de *l'idéalisme.*

Henri Ey reprend le modèle jacksonien qui propose de partir de l'idée d'organisme, ensemble organisé vers une finalité et non des deux instances substantielles. La vie psychique est un processus dynamique car l'organisme est toujours « se faisant ». L'idée d'organisme suggère un sens et non une direction. Un organisme s'invente au présent. Il n'est ni explicable par les lois de la mécanique ni par les lois de la biologie ni par les lois de l'esprit. L'organisme est intégrateur et à ce titre invente son propre système. Le fait que l'organisme soit un système dynamique suppose que les relations qui se nouent en son sein sont éminemment

[116] Henri Ey, *Des idées de Jackson*, éd. L'Harmattan, Paris, 1997, p. 32.

variables et non stables. Le système est instable parce qu'il est semi-ouvert. La vie psychique ne peut pas se définir comme la recherche de la stabilité du système[117], on retomberait dans une analyse mécanique. La stabilité du système de la vie psychique est dans son ouverture permanente à ce qui n'est pas elle. Sa fin ne se réduit pas à l'absence de tension comme Freud le soutenait dans son *essai de psychanalyse*. Sa fin est de produire sa *réalité :* la réalité de la conscience. C'est un système qui permet au Sujet de prendre corps. Le devenir suppose un invariant qui le garantisse. L'invariant est le *Sujet* du devenir le prédicat du devenir. Cette idée est essentielle, elle délimite la frontière entre les systèmes mécanique ou moniste, pour qui la vie psychique se réduit à la recherche de la moindre tension et les systèmes dynamiques qui font de la vie psychique un système ouvert. Le système de la vie psychique est d'abord et avant tout un système ouvert, un système d'intégration permanente qui suppose une flexibilité d'ensemble que le système mécanique ne présente pas.

« *C'est dans ce sens que la définition organo-dynamique de la maladie mentale comme désorganisation de l'organisation de la vie psychique (de l'appareil psychique disait Freud, du "corps psychique" doit-on dire plutôt) constitue l'intuition fondamentale de toute théorisation du fait psychopathologique.* »[118]

On ne peut pas expliquer la vie psychique en la figeant dans des notions qui l'abstraient : Comment pouvoir penser la vie psychique alors que toute notre pensée s'organise autour des représentations mentales ? Comment, de plus,

---

[117] C'est ce qu'affirmait Freud. Pour lui la vie psychique se définissait comme la vie de la recherche de la tension zéro.

[118] Henri Ey, *Des idées de Jackson*, éd. L'Harmattan, Paris, 1997, p. 32.

énoncer la règle régulatrice de cette vie sans prendre le risque de l'abstraire ? Enfin, il faut éviter l'écueil de la double réduction moniste ou idéaliste. Le système psychique est un système intégrateur et dynamique qui soumet ses sous-systèmes à la temporalité ce qui les ouvre. La vie psychique apparaît comme un processus temporel, finalisé et producteur de sens.

L'organo-dynamisme jacksonien et l'intentionnalité phénoménologique sont les fondements de la doctrine eyienne. La pure intention husserlienne est la condition d'organisation du monde de sens du *Sujet*. De la même manière, le jacksonisme admet que la vie du *Sujet* est une vie structurante. Jackson en psychiatrie et Husserl en philosophie ont permis à Henri Ey de constituer sa théorie en le forçant à s'interroger sur les modèles explicatifs existant pour rendre compte du fait humain.

« *Husserl a extrait de la conscience les rapports de sens et d'essence qui la constituent. Mais la conscience réduite et pure ne peut réduire le monde, qu'elle fonde qu'en se l'incorporant, qu'en se le posant et se le proposant (Ricœur). L'intuition "donatrice" et sa "saisie", ce circuit de la conscience sur elle-même dans les démarches de sa propre et essentielle constitution ne réduisent pas le monde à ne dépendre que d'une législation formelle au sens kantien, mais le font jaillir d'une présence dont la réalité est celle des vécus de la conscience qui, tout à la fois, s'y réfère et la crée. Il suffit de formuler en ces termes, d'ailleurs discutables, le sens métaphysique des "Ideen" pour comprendre sans doute et encore une fois à quelles controverses sur l'idéalisme et le réalisme a donné lieu la phénoménologie de Husserl. Mais pour nous, il importe surtout de saisir ce rythme profond de sa pensée qui va et vient du vécu à la raison, comme si ce mouvement était la pulsation même de l'être et spécifiquement de l'être conscient.* »[119]

La phénoménologie et le modèle jacksonien rompent avec la tradition qui obligeait à prendre position soit dans le sens du matérialisme soit dans le sens de l'idéalisme. Husserl invite à aller plus avant dans l'origine de la constitution de la vie de la conscience, il invente la méthode de la réduction *eidétique* et Jackson le modèle *organo-dynamique*. L'un et l'autre rompent avec les modèles explicatifs classiques. Ils invitent à aller jusqu'à l'origine de la structuration de la réalité humaine du monde de la conscience et à s'interroger sur les modalités de cette structuration avant de pouvoir dire ce que le devenir homme peut signifier. La réalité humaine est structurée, organisée et finalisée, elle est qualitative, elle ne se présente pas à l'homme, toute faite à sa naissance, elle est construite par lui. Cette approche de l'homme élaborant sa propre réalité et inventant les règles de son propre univers est dans l'air du temps. La *force vitale* de Mourgue, un autre psychiatre ne dit pas autre chose, thématique présente, aussi, dans la philosophie de Bergson. Ces penseurs renouent, par-delà les siècles, avec les intuitions fondamentales de Platon dans le *Sophiste* qui interrogeait la pertinence de la méthode parménidienne du principe de non-contradiction.

Le retour à une tradition philosophique pré-aristotélicienne est une véritable révolution tant la tradition théologique qui a encadré la pensée occidentale et fait du modèle aristotélicien de la logique de la non-contradiction son modèle universel pour encadrer la pensée scientifique. Ce qui a mené aux philosophies que nous connaissons qui peuvent être mises dans deux catégories apparemment

[119] Henri Ey, *La Conscience*, éd. Desclée de Brouwer, Paris, 1983, p. 60.

distinctes que sont l'idéalisme et le matérialisme[120] qui, chacune à leur manière, déclinent la vision métaphysique qui pose l'existence de la substance comme marqueur du monde phénoménal et soumet ce dernier à l'analyse logique de la non-contradiction. Il faut attendre la science contemporaine pour que ces interrogations méthodologiques s'imposent pour sortir des impasses du savoir. C'est la science de la relativité et la mathématique de Riemann qui ont entériné la rupture. Or, les sciences de l'homme qui étudient la vie psychique ou la vie de la conscience n'ont jamais accompli ce renversement logico-épistémologique. C'est avec l'idée que la vie psychique est une vie de relations qu'Henri Ey fait entrer la science de l'homme dans l'ère mentale contemporaine. Pour penser en termes de relations, un monde de qualité, il est nécessaire d'en finir avec la pensée duelle qui sépare et exclue. Mettre en relation, faire apparaître des échanges dynamiques positifs ou négatifs (régression), des processus réversibles et irréversibles et comprendre que toutes les relations ne se valent pas, qu'il existe, comme le disait Platon, une *grammaire du monde* qui donne sens aux processus structurants, supposait une *révolution copernicienne.* L'intuition platonicienne selon laquelle il existerait des accords contre nature, des alliances possibles et d'autres impossibles, des relations liables ou impossibles, annonçait le problème qui sous-tend la compréhension de la vie psychique qui n'est ni la vie mécanique du corps ni la vie intellectuelle de l'esprit et qui les contient tout en les dépassant. La substitution d'un monde mécanique où règnent en maître les automatismes, en un monde finalisé, intentionnel où règne la responsabilité d'un *Sujet*, est la différenciation entre le monde de la science physique et le monde de la science de l'homme.

---

[120] On peut faire le parallèle avec le *monisme* et le *matérialisme* en psychiatrie.

« C'est en ce sens que l'intuition de H. Jackson, celle d'un modèle architectonique des niveaux d'intégration, d'évolution et de dissolution, doit permettre de dépasser les contradictions impliquées dans le dualisme paralléliste – mais, bien sûr, en abandonnant "le principe de concomitance" auquel lui-même était resté trop attaché – pour aller plus loin encore, là où il avait eu le mérite d'aller, sur la voie d'une conception organo-dynamique de la Psychiatrie. »[121]

Les philosophies de l'existence et le jacksonisme convergent pour donner la clé du phénomène de conscience. C'est, non seulement, un phénomène dynamique et structurant, mais, en plus, il temporalise. Du fait de sa temporalisation, le phénomène humain est dans le monde et hors du monde. Tout ce qui se produit dans le phénomène temporel humain est inachevé. Dans un tel processus, ce qui est n'est déjà plus, ce qui advient est déjà autre. Un tel processus ne peut pas entrer dans une explication selon l'ordre des raisons. On ne peut pas comprendre ce processus selon les catégories rationnelles sans prendre le risque de construire une métaphysique psychiatrique.

L'usage d'une mauvaise logique a empêché la bonne définition de la vie psychique et de son corollaire la maladie mentale. Elle n'est pas une maladie comme les autres qui aurait une cause identifiable, elle exprime l'impossible vie de relation. La vie psychique est la vie de relation, elle est un système intégrateur et ouvert alors que la maladie mentale est un processus d'enfermement.

Après avoir mis en évidence ces difficultés, l'étude n° 4 insiste sur le risque pour le psychiatre d'ignorer la question

---

[121] Henri Ey, *Des idées de Jackson*, éd. L'Harmattan, Paris, 1997, p. 23.

du *Sujet*. Si le *Sujet* disparaît, la psychiatrie elle-même disparaît. S'il n'existe pas de *Sujet*, la cause interne du système, la cause du système humain est extérieure et la vie humaine est une vie comme les autres. L'étude, n° 4, pose la question du *Sujet,* non comme une idée liée à une nécessité logique mais bien comme une idée liée à la réalité existentielle et qualitative de la vie psychique. Sans l'affirmation de l'existence d'un *Sujet*, d'un *champ de conscience*, il est impossible de sortir des impasses auxquelles mènent les théories existantes. Dès lors, la nécessité logique et la nécessité existentielle sont concomitantes.

L'étude n° 4 aborde, donc, la conséquence majeure de la logique de la non-contradiction : la disparition du *Sujet* et son corollaire, la disparition de la psychiatrie. C'est ce que Henri Ey appelle le « dilemme psychiatricide ». L'approche moniste comme l'approche dualiste interdisent de penser l'émergence d'un *Sujet*. Or, si le sujet n'existe pas, il n'y a plus de psychiatrie et si le *Sujet* n'existe pas la question de la conscience est une question vide. L'idée de conscience est indéfectiblement liée à la subjectivité et au monde de la qualité. C'est pourquoi, face aux nombreuses théories existantes qui prônent la « mort du sujet », il est de toute nécessité de réaffirmer l'existence du Sujet et d'en prouver l'existence si la psychiatrie ne veut pas devenir une partie de la médecine. En même temps, les remarques eyiennes sont valables pour la philosophie car si le sujet disparaît la nécessité d'un discours sur *l'être* disparaît et la philosophie devient une partie des neurosciences.

Le dilemme

En psychiatrie, il existe deux approches pour étudier l'homme : l'approche *moniste* et l'approche *dualiste.* Elles reprennent l'opposition entre le déterminisme et l'idéalisme, transposée au domaine de la psychiatrie et qui se reformule autour de la genèse des maladies psychiques. La première approche affirme que l'origine de la maladie mentale est « purement psychique », l'autre approche affirme qu'elle est le fait d'un « accident anatomophysiologique ». La première approche défend la psychogenèse des maladies mentales, la seconde approche défend le caractère purement physique de la maladie mentale.

L'approche *moniste* postule que toute maladie mentale a une cause et refuse à la vie mentale une réalité propre. La vie mentale n'est que le reflet d'une autre réalité externe. Elle applique à la vie mentale le principe de causalité. La vie mentale d'un individu est l'expression de son environnement en vertu du déterminisme général auquel elle ne peut échapper. Le principe de la causalité relie *partes extra partes* dans une relation non temporelle. Il affirme que l'effet est contenu dans la cause et qu'il est tout autant possible de remonter à la cause que de descendre aux effets. C'est l'ordre explicatif de la science physique. Dans les sciences physiques ou sciences de la nature en général l'ordre causal peut s'appliquer sans problème car, dans ce milieu, la temporalité n'existe pas. Le monde des objets est un monde de présence. Bergson faisait remarquer qu'on peut toujours mettre un morceau de sucre à dissoudre dans un verre d'eau que cette dissolution prendra un peu de temps mais on en connaît le résultat. On peut rendre compte du processus parce que le temps n'affecte en rien la réaction. Il n'en va pas de même quand on traite la vie psychique. Pour elle, le temps est une composante majeure qui l'affecte. La vie psychique n'est pas une vie linéaire sur laquelle on peut se déplacer et aller d'un point à un autre comme si tout s'enchaînait de manière logique et cohérente à la manière d'une équation mathématique. Le vécu est imprévisible en ce sens qu'il pourrait toujours être autre qu'il se présente. Il n'est pas inéluctable. On ne peut pas prédire ce que sera le futur d'une personne à partir de sa réalité à un moment précis. C'est en ce sens que la vie psychique est temporelle, il n'y a aucune nécessité pour qu'un individu fasse tel choix plutôt que tel autre. L'homme n'est pas déterminé, il se détermine lui-même par ses propres choix. Les choix qui sont faits dans l'ordre du vécu affectent de manière irréversible le champ du quotidien de chacun. Henri Ey rejoint ici Bergson dans la critique de la causalité. Pour la vie psychique, le présent se montre comme la seule possibilité d'une infinité de combinaisons possibles. Tous les vécus singuliers sont dans un même présent mais aucun ne le traite de la même manière, c'est ce qui fait la singularité et la spécificité de la vie psychique. Traiter en termes de causalité la vie psychique, c'est ignorer que les choix sont des combinatoires dans lesquelles entre une part d'incertitude. La vie psychique possède une dimension aléatoire. Il faut donc en déduire que la maladie mentale est un processus interne et non la conséquence d'une réalité externe. La vérité d'un vécu est à chercher dans le sens que se donne chaque vie psychique. La *vie psychique* est un devenir. C'est l'existence même, le fait de s'extraire du monde de la présence.

Henri Ey rejette tout autant l'*idéalisme.* Il n'est pas possible de penser la vie psychique sans tenir compte de son environnement dans lequel elle s'inscrit. Elle s'y inscrit d'autant plus qu'elle se construit en déconstruisant son environnement pour le reconstruire et en faire un environnement qualitatif, un environnement de sens. La vie psychique ne se réduit à aucune de ses composantes, elle n'est pas plus une vie de l'esprit qu'une vie physico-biologique. Elle est la force centripète qui entrecroise ses différents plans et les fait participer à un devenir qui tente d'exprimer un sens. La vie psychique n'a pas d'existence en dehors de la vie de relation, elle ne peut donc, jamais, être pensée pour elle-même. La vie psychique est à un entrecroisement de divers plans qui se lient selon une règle temporelle. De fait en faisant s'aligner tous les plans selon la ligne du temps, la vie psychique doit être pensée comme une finalité qui institue une loi qu'elle invente au quotidien.

L'une ou l'autre de ces thèses oblige à remettre en cause la logique de la non-contradiction car la règle ou vérité de la vie psychique n'est pas externe (tiers exclu) mais interne (tiers inclus). La vie psychique est sa propre origine et sa propre finalité. Son organisation, c'est sa finalité et sa finalité est de produire un sens singulier qui néanmoins peut être partagé. L'*idéalisme* rejoint le *monisme.* Il est une forme de matérialisme au sens qu'il existerait une cause externe qui donnerait l'explication de la vie psychique à un moment donné. La forme la plus aboutie de *l'idéalisme* est celle de la théorie de *l'entéléchie.* Cette théorie est originairement celle d'Aristote et elle sera reprise par Leibnitz. Elle affirme que la vie déroule un programme spirituel qui s'impose à elle. De fait, elle ne dit pas autre chose que ce que le *matérialisme* affirme. La vie psychique ne trouve pas sa réalité en elle-même. Il faut rappeler que *l'idéalisme* part du principe que rien dans le monde ne se fait sans raison. Il faut bien qu'il y ait une raison première. Or, si la vie psychique est dans le temps, elle n'a aucun autre sens que celui qu'elle se donne en faisant ses choix. Le seul sens de la vie psychique, c'est d'organiser ses sous-systèmes de manière à faire que la réalité qu'elle construit produise du sens pour le Sujet singulier qui l'organise. C'est cela qui est le plus important dans l'analyse eyienne et qui remet en cause tous les postulats précédents. L'organisation est interne. La direction du psychisme est d'organiser de manière dynamique et hiérarchique tous les éléments qui composent son sens singulier. Le simple fait d'affirmer qu'il n'y a de vie psychique que dans l'organisation d'une *conscience campine* refuse les modèles déterministes et idéalistes. La vie psychique c'est la production d'un *champ de conscience.* La conscience est *campine.*

L'*étude n° 4* reprend la critique de l'analyse des thèses *monistes* et *idéalistes* à partir de la question de la psychogenèse des maladies mentales.

La thèse *idéaliste* affirme que les maladies mentales s'élaborent uniquement dans les processus inconscients et que la cause de toute maladie est psychique. C'est la thèse freudienne qui précise explicitement que comprendre une psychose, c'est l'expliquer par la seule référence au refoulé. Freud ne fait que reprendre les thèses d'Adler. Or affirmer l'existence d'un *refoulé*, c'est dire explicitement que la vie psychique ne se comprend qu'à partir d'elle-même. L'apparition d'une névrose est un fait mental. Cette thèse réduit mécaniquement les processus mentaux. Elle ignore le travail de la conscience refoulante, travail qui n'a rien de mécanique car une multitude de possibles s'offrent à chaque instant à la conscience pour actualiser sa pulsion. La névrose aurait dû apparaître à Freud comme l'incapacité pour un *Sujet* à produire un sens singulier et non comme un refoulé qui bloque toute la vie psychique. L'événement traumatique fonctionnant comme la cause première, la genèse de la maladie.

La seconde thèse est la thèse organiciste. Elle pose comme présupposé que la maladie mentale est le fait d'un trouble organique. Les mêmes critiques s'appliquent aux défenseurs de cette thèse. Comment des troubles organiques peuvent-ils produire des troubles psychiques ? De la même manière, on abstrait un facteur dont on fait la cause. La maladie mentale n'est plus alors une maladie spécifique, elle est une maladie comme les autres.

Chacune des thèses nie la vie psychique car la vie psychique est une combinatoire finalisée de plans hétérogènes en vue de la production d'un sens.

« *La psychiatrie n'existe ni pour les uns ni pour les autres. En tant qu'aspect pur et simple de la pathologie générale, elle est rejetée par les psychogénétistes. En tant que "pure psychologie" elle est niée par les mécanistes. Mais pour tous, elle n'est également qu'un mythe dans la mesure même où la notion de "maladie mentale" leur apparaît à chacun en tant qu'il répudie un des termes qui la constitue comme une* contradictio in adjecto. »[122]

Une fois de plus, la critique eyienne se formule sur un plan épistémologique. C'est sur ce terrain qu'on peut sortir du dilemme et repenser l'ordre de la vie psychique. Si on reprend le raisonnement des deux thèses, on constate qu'elles affirment logiquement la même chose : la maladie psychique se développe d'une manière « mécanique » indépendamment du milieu conscient dans lequel elle se produit. Le modèle explicatif est le modèle de la causalité. Cela ne fait que répéter ce que Freud dit du psychisme quand il le compare à un « appareil ». Dans son *Essai de psychanalyse*, Freud rappelle que la loi de l'entropie régit l'ordre du monde tout autant que celle de la vie psychique. Il n'existe qu'un seul modèle explicatif pour tout le vivant. La vie psychique est pensée comme un système fermé et non comme un système ouvert qui se maintient en trouvant sa stabilité. Or, la vie psychique se déploie dans le temps, elle est intégratrice et ne peut se refermer sur elle-même

[122] Henri Ey, *Étude psychiatrique*, n° 4, vol. I, tome I, éd. CREHEY, Perpignan, 2006.

sans se dissoudre. Cette ignorance de la réalité humaine a mené la psychiatrie à se suicider. Henri Ey a des mots extrêmement durs à l'encontre des psychiatres.

« *Mais qu'est-ce donc que le psychiatre qui a ainsi perdu l'objet de sa science ? Eh bien, il subit le même sort et il disparaît. Il s'évanouit, accablé sous les sarcasmes ou torturé par sa propre perplexité quand, s'engageant lui-même dans l'étau du dilemme mécano-psychique, il se fait "Hara-Kiri". Tantôt, il se réfugie dans une fausse psychiatrie "purement médicale" où il consume son complexe d'infériorité à la recherche de la pierre philosophale, sans se consoler du paradis "vraiment médical" perdu. Tantôt, renonçant à être médecin, il devient redresseur de torts, directeur de conscience, psychohygiéniste, orienteur professionnel, psychotechnicien quand il ne s'engage pas dans les spéculations philosophiques à la recherche de l'absolu, jonglant avec les mots, louant avec des bulles de savon et collant des étiquettes auxquelles il croit à peine, car "son royaume n'est pas de ce monde". Tantôt, enfin, il se détourne de tant de difficultés et de mystères pour se réfugier dans un dilettantisme délicat et désabusé.* »[123]

La maladie mentale ne peut pas trouver d'explication dans les cadres du « monisme » et du « dualisme ». De plus, ces deux approches, étant contradictoires, ne peuvent que pousser les psychiatres dans une guerre fratricide. Pour sortir de cette impasse, certains ont proposé de penser la vie psychique selon un parallélisme entre le physique et le moral. Cette vision naïve de la vie psychique provient de la conception dualiste du cartésianisme. Elle n'est pas plus éclairante. Elle est même d'ordre magique. Le parallélisme

[123] Henri Ey, *Étude psychiatrique*, n° 4, vol. I, tome I, éd. CREHEY, Perpignan, 2006.

est constaté, il n'est pas expliqué. Le problème est évident, juxtaposer, ce n'est pas faire aller de conserve. Juxtaposer la matière et l'esprit, le mode de l'étendue et le mode de la pensée font penser que les termes sont contradictoires et exclusifs les uns des autres alors qu'ils sont les deux faces d'un même processus. En les étudiant chacun séparément, on parvient à les opposer alors qu'il faudrait, peut-être, les penser comme des expressions d'un processus commun. D'une manière plus précise, l'étendue ne se pense comme telle que relativement à la pensée qui la pose et la pensée ne peut pas être étendue puisqu'elle constitue l'étendue. La vie psychique ne peut pas se penser comme une juxtaposition de plans. Rendre compte de la vie psychique suppose qu'on adopte une logique adéquate à son objet. Ce qui fait problème, c'est de penser la vie psychique comme une unité homogène, or, l'unité n'est pas homogène. Un n'est pas égal à un ; un est la sommation de sa moitié plus son huitième, plus son seizième et ainsi de suite à l'infini. L'unité contient une infinité de possibles. Ceci signifie qu'un système peut proposer une infinité de combinaisons sans jamais mettre en danger son unité, son ordre. Le problème devient celui du passage d'un ordre à un autre ordre. Cette thèse leibnizienne est reprise en grande partie par l'hégélianisme qu'Henri Ey prend souvent comme modèle. Pour lui, l'idée de dialectique qu'il ne cesse de reprendre exprime cela. Le problème pour Henri Ey est de comprendre comment des ordres (physique, organique, mental) qui ne sont pas de même nature peuvent coexister dans un système. Le problème est celui non seulement du passage mais encore de la continuité. C'est le problème épistémologique de l'*organo-dynamisme*. Le système est ici appelé *vie psychique*, ses composantes sont les organes, l'alliance des organes, la pensée, l'alliance de la pensée avec les autres systèmes et ainsi de suite. On retrouve le problème du simple et du multiple qu'avait abordé Leibniz ou du simple et du composé. Les expressions logiques pour traduire ce processus ne peuvent qu'intégrer ces multiples dimensions, on a à faire à des fonctions. Le discours d'exclusion qui est la marque du principe de non-contradiction est un discours géométrique qui juxtapose des ensembles pour en former des agrégats et non un organisme. La vie psychique est l'organisation d'une durée psychique. C'est pourquoi elle ne peut pas se dire selon les catégories de la géométrie. C'est ce qui fait que la vie ne s'organise pas selon l'ordre de la matière. La notion même de causalité ne peut s'appliquer à la vie psychique. La causalité n'intègre pas le temps ou simplement comme le simple cadre dans lequel se déroule la causalité. Mais la causalité est hors du temps car elle est réversible.

Si la psychiatrie est dans l'impasse théorique et qu'elle ne peut pas se constituer comme une science, c'est qu'elle ne pose pas les bonnes questions. La vie psychique ne peut pas se décrire comme un phénomène car le psychisme ne se réduit pas à l'organisme dont elle émane et auquel elle ne peut être assimilée.

« *Entre le "physique" et le "moral", il y a la vie. C'est dire que les rapports du physique et du moral ne sont pas des rapports de contiguïté, ne se situent pas dans un parallélisme de plans ou de faces, mais qu'ils doivent être envisagés dans une perspective plus naturelle comme des formes d'évolution de la vie. C'est comme deux aspects formels de ce mouvement qui s'inscrit dans l'histoire d'un organisme qu'il y a lieu de concevoir la vie organique et la vie psychique, non point séparés, non point juxtaposés, mais l'une étant engendrée par l'autre, par son épanouissement, sa "vivante dialectique."* »[124]

---

[124] Henri Ey, *Étude psychiatrique*, n° 4, vol. I, tome I, éd. CREHEY, Perpignan, 2006.

Les impasses peuvent être surmontées à condition de mettre au centre de la vie psychique la catégorie de la relation. Cette catégorie implante le psychisme tout autant dans le physiologique, le biologique ou le symbolique. La vie psychique est la résultante des interrelations entre les différents plans. Toutefois, il faut bien qu'existe une unité de mesure qui autorise le passage d'un plan à un autre, cette unité de mesure c'est ce qu'on appelle la conscience qui n'appartient à aucun des plans puisqu'elle est la condition de la relation et du passage. Dès lors, il n'y a plus de difficultés à comprendre les variations individuelles de la vie psychologique qui sont des expressions de l'ensemble de ces interrelations. La structuration de la vie psychique explose en une infinité de variations possibles qui sont toutes sur le même modèle. C'est à cette condition que peut être pensée la subjectivité qui est l'objet même de la recherche psychiatrique. Cela rend compte aussi de l'intersubjectivité. Elle est intelligible dans la mesure où l'unité de référence est la même pour chaque individu, la conscience n'est pas singulière c'est sa modalité d'être qui l'est. La loi du psychisme s'énonce ainsi : il existe un double mouvement : un mouvement centrifuge qui produit l'infinité des différenciations et un mouvement centripète qui maintient les liens de subordinations des différents sous-systèmes. C'est par ces processus d'intégration/désintégration que peut s'expliquer l'unité d'ensemble.

L'étude n° 4 s'oriente ensuite vers ce qui devrait être le fondamental de la psychiatrie, la dissolution de la vie psychique. La dissolution est le contre-sens de la vie psychique qui est autonomie et liberté.

« La maladie mentale » présente en creux la vie psychique épanouie. La conscience est un processus structurant qui lie les différents plans et les organise en une visée. Dans la mesure où la raison est la clé de voûte du système « *Si le psychiatre a quelque chose à dire sur la "Conscience" – et il l'a – ce ne peut être qu'en la prenant pour ce qu'elle est, la "Raison" – puisque la "Folie" qu'il se propose de guérir est le contresens de la conscience de l'homme* »[125]. La vie psychique est productrice de sens. Les idées ouvrent et visent un au-delà de l'expérience. La liaison des plans et l'organisation finalisée se répètent à tous les niveaux. Chaque être au monde est ainsi structuré et emporté dans une dynamique centripète. Chaque niveau de l'être s'explique par la structure de l'être en général. Chaque niveau d'être se déploie dans son monde selon des modalités particulières soumises à cette organisation générale. C'est la causalité particulière ou « causalité personnelle » qui correspond au niveau d'expression singulière dans lequel se déploie l'être singulier. C'est l'ordre de la personnalité qui est une adaptation de l'être aux conditions singulières mais qui n'en demeure pas moins l'être. Chaque sous-ensemble de l'ensemble « *être* » réagit et se structure comme l'ensemble lui-même ; c'est pourquoi chaque être a sa propre manière de se structurer « *selon le "poids" de l'organisme de ses perturbations et notamment des altérations cérébrales qui altèrent le mouvement spirituel de l'être* »[126].

Aucune conscience singulière n'est jamais définitive. Elle se constitue dans un flux temporel incessant ce qui explique qu'à tout moment elle puisse se déstructurer. La déstructuration du devenir conscient, coïncide avec l'impossible intégration de la pulsion dans le monde

---

[125] Henri Ey, *La Conscience*, éd. Desclée de Brouwer, Paris, 1983, p. 489.
[126] Henri Ey, *Étude psychiatrique*, n° 4, vol. I, tome I, éd. CREHEY, Perpignan, 2006.

symbolique de la conscience. Toute déstructuration ramène vers l'origine pulsionnelle contre laquelle s'institue la conscience. Si le processus de conscience est un processus structurant, liant et orienté, alors la maladie mentale correspond aux différents niveaux de déstructuration. Ceci signifie que l'être conscient qui correspond à l'être psychique est le moment de finalisation de la dynamique structurante.

La vie psychique est une organisation qui articule chaque plan de l'être à un autre plan de l'être de manière à former une architectonique verticale. Chaque plan soumet le plan inférieur et l'articule au plan supérieur.

En comprenant ainsi la maladie mentale, on comprend pourquoi il est urgent de réformer toutes les formulations concernant cette vie psychique. Quand on parle de la vie psychique, on en parle comme si chacun des plans était antagonique d'un autre. On raisonne une fois encore selon la logique de la non-contradiction : un plan d'être ne peut pas s'allier à un autre plan d'être. C'est pourquoi la vie psychique n'a jamais été pensée comme un processus d'intégration. L'idée même d'intégration suggère la plasticité des plans. Ce que l'on appelle la vie psychique ou vie de la conscience correspond à une expression combinatoire. On ne peut pas raconter la vie psychique selon la grammaire institutionnelle, il faut inventer une nouvelle grammaire, grammaire combinatoire. La vie psychique se combine en entrelaçant ses éléments et en les hiérarchisant au travers d'un processus temporel. Ceci signifie que toute proposition qui voudrait exprimer l'être à un moment donné serait vide de sens car toute expression doit prendre en considération l'ensemble du processus. Ne pas introduire le temps c'est penser l'homme comme l'être, une simple présence. C'est dans le devenir qu'il est nécessaire de s'exprimer et de trouver une énonciation qui exprime le devenir humain. C'est la raison pour laquelle les modalités grammaticales d'énoncés formels logiques ne peuvent en aucun cas prendre possession de la vie en mouvement qui invente sa propre durée. Les lois qui régissent le plan organique ne sont pas les lois qui organisent la vie de l'esprit. L'erreur consiste à considérer la vie psychique comme un effet. La vie organique est déjà une vie structurante tout comme la vie de l'esprit. C'est en pensant que les différents plans de la vie psychique sont des données structurées que l'on peut d'abord les combiner et ensuite comprendre leur relation dans un processus. L'erreur métaphysique qui sous-tend toutes les thèses existantes est de considérer qu'il existe un fond neutre sur lequel la vie s'organise. Il s'agit bien de pensées métaphysiques car elles posent un point de départ, un en soi qui existerait et qui serait invariant. Que cet invariant soit l'esprit ou qu'il soit la matière ne change rien. C'est la raison pour laquelle la maladie mentale n'a jamais été comprise. S'il y a une maladie mentale, c'est que les éléments qui composent la vie psychique réelle ne sont pas organisés comme ils devraient l'être, si bien que l'expression de l'être/étant en est affectée. L'être est dans l'incapacité de se donner un sens, une qualité qui le fait exister de manière unique.

« *En devenant l'artisan de son monde, en construisant sa réalité, l'enfant n'applique pas seulement les règles de la pensée logique et les préceptes opérationnels, il se construit sa représentation du monde. Mais non point une représentation mythique, une géodicée ou théodicée, ou simplement un conte de fées. Le monde qu'il construit autour de lui est celui de ses idées, de ses besoins, de ses émotions et il se lie à lui par ses sentiments et par ses croyances.* »[127]

Le plan d'ensemble de l'organisation de la vie psychique ne peut pas se penser selon les modalités d'exclusion, d'opposition, mais selon une dynamique unifiante qui ne peut se produire que dans le temps. C'est le processus temporel qui ouvre le système de conscience. La vie psychique est un système ouvert et intégrant. Ce système est ouvert sur son autre, ce qui se présente à lui et sur sa finitude. Le processus de conscientisation est dans le temps. La vie psychique devrait être pensée comme une organisation qui constitue de l'être en l'arrachant à son informel originel et l'ouvrant sur sa finitude organisée qui est sa liberté. De fait, le processus conscient est un processus qui finalise toutes les composantes. La maladie mentale correspond aux moments où cette finalisation se ferme, se clôt sur elle-même et se fige en une égalité avec elle-même. Il y a plusieurs niveaux de maladie mentale mais toutes les maladies ont en commun d'être des systèmes fermés sans devenir, sans un plan d'organisation d'ensemble. Le malade se soumet à la loi d'un des sous-ensembles du système et privilégie donc un système particulier qui fait qu'il n'est plus le sujet de son monde mais le produit d'un plan particulier qui compose son système. C'est en ce sens qu'Henri Ey peut dire que la *« Psychiatrie est la pathologie de la liberté »*.

Le processus de conscientisation est le processus qui donne de la qualité et du sens au monde de la présence par sa sublimation en monde symbolique. C'est pourquoi pour Henri Ey la maladie mentale n'est pas simplement une maladie organique qui peut aller jusqu'à menacer la vie,

---

[127] Henri Ey, *La Conscience*, éd. Desclée de Brouwer, Paris, 1983, p. 365.

mais chose plus grave, elle est une atteinte à la liberté, atteinte du sens.

La psychiatrie ne soigne pas seulement un dysfonctionnement cérébral ou neurologique, elle tente d'empêcher l'humain de quitter l'homme dans lequel il habite. L'humain se caractérise par la relation à lui-même, au monde et aux autres. L'humain c'est l'introduction de l'altérité dans le processus de conscientisation. Autrui représente l'autre, le miroir inversé du moi et hiérarchise les relations. La maladie mentale est avant tout la perte de l'humanité qui est en chacun. La psychiatrie n'est pas une médecine comme les autres. Le psychiatre ne soigne pas une maladie dont l'origine serait extérieure au malade et serait le symptôme d'un dysfonctionnement neuronal, le psychiatre accompagne le malade, maintient un lien avec lui pour lui permettre de ne pas s'enfermer, s'isoler dans une forteresse qui signerait la fin de son humanité.

Si la psychiatrie a manqué l'humain, c'est parce qu'elle a confondu les outils conceptuels. En faisant usage des outils théoriques qui sont liés au monde déterministe ou en voulant distinguer de manière absolue les plans de l'être (la théorie des substances), la psychiatrie ne proposait plus qu'une pétition de principe car elle faisait de l'homme un objet abstrait. On ne peut pas ignorer que Pinel, durant la Révolution française, même si cela ressemble fort à une allégorie, arrachait les chaînes des aliénés et les recevait dans le monde des humains en les traitant comme des malades. Malheureusement, si l'intention était bonne la méthode ne l'était pas, car la maladie dont il était question, la folie, aurait mérité un traitement particulier avec des outils particuliers. Mais l'idée d'humanité est bien ce qui est le fil conducteur de toute la psychiatrie moderne et contemporaine. Malheureusement, la psychiatrie est accrochée à la médecine et par là même réduite à n'être rien d'autre qu'une « menace à la vie ». La psychiatrie aurait dû lier la maladie mentale à l'organisation de la vie psychique. En comprenant cette vie, elle aurait mis en avant l'originalité de la maladie mentale. La maladie mentale aurait été ce qui limite l'humanité d'un homme. Son humanité c'est de produire son monde, d'organiser son monde, son monde de relations et de faire émerger l'altérité. La maladie mentale ne peut se comprendre que comme l'atteinte à la liberté, c'est-à-dire à l'humanité de l'homme. Cette humanité n'est pas simple, elle est faite d'une multitude de plans, d'ordres, mais elle retrouve sa simplicité si l'on pense que cette humanité, c'est organiser les multiplicités sous une loi qui constitue un *Sujet*. La loi du processus de conscience c'est de faire émerger un *Sujet*. Henri Ey l'a rappelé dans de nombreux travaux : la psychiatrie ne peut pas exister si le sujet n'existe pas.

« *Rappelons-nous le mot de Boerhave* "simplex in vitalitate, duplex in humanitate" *pour bien comprendre que l'humanité, la psychique en tant que forme d'intégration et de "vigilance" se place au sommet, au faîte, au couronnement des fonctions de l'organisme. De telle sorte que si la pathologie générale a pour objet, à l'hôpital, des malades qui souffrent dans leur animalité, leur vitalité, la psychiatrie a pour objet, dans les services spécialisés, des "psychopathes" qui sont des malades atteints dans leur vitalité de telle sorte qu'ils sont amoindris, "altérés" dans leur "humanité."* »[128]

[128] Henri Ey, *Étude psychiatrique*, n° 4, vol. I, tome I, éd. CREHEY, Perpignan, 2006.

L’organo-dynamisme

Henri Ey, a rassemblé en une théorie qui s'appelle l'*organo-dynamisme* toutes ses réflexions en s'efforçant de constituer une théorie du devenir humain qui s'appuie sur la critique épistémologique de la théorie psychologique de son époque. *L'organo-dynamisme* n'est pas seulement une théorie psychiatrique à usage des psychiatres, c'est aussi une théorie de la conscience et des conditions d'apparition du sujet qui peut être lue d'un point de vue philosophique. Par cette théorie Henri Ey renoue avec la tradition philosophique qui considérait la psychologie comme une de ses branches. Il offre, en plus, un champ d'études expérimental que la philosophie seule ne peut pas constituer. La rencontre entre la psychiatrie et la philosophie est ainsi définitivement scellée et permet un dialogue productif qui renoue et dessine les contours d'une nouvelle science de l'homme.

La nouvelle science pour se constituer théoriquement doit prendre en compte les obstacles identifiés (usage des mots sous forme substantivée, limite de la logique binaire, reprise de la notion de réalité). Elle doit inventer un nouveau langage capable de décrire le processus temporel de la conscientisation. Aucune théorie existante n'a donné à la science de l'homme une telle autonomie par rapport aux autres sciences. On peut, sans crainte de tomber dans l'excès, dire que pour la première fois a été constituée une science de l'homme. Ce succès est le résultat d'un travail interdisciplinaire. L'*organo-dynamisme* est une doctrine scientifique qui maintient à l'écart le discours métaphysique. En ce sens, il rejoint les thèses de Karl Popper pour qui une théorie n'est scientifique que si elle est, falsifiable. Henri Ey rappelle que son propre travail est falsifiable. Nous devons donc prendre cette théorie pour ce qu'elle est, c'est-à-dire une définition possible des processus de l'homme.

La réception de cette nouvelle doctrine n'a pas été facile. L'histoire de la publication de son ouvrage sur la conscience en témoigne. Le titre *la conscience* lui a été, pour des raisons éditoriales, imposé. Ce titre était pour lui en contradiction avec le contenu de l'ouvrage. Employer le terme de « conscience » était substantiver un processus et tomber dans un discours de métaphysicien tel qu'il l'a défini lui-même. L'ouvrage, toutefois, est paru en France sous ce titre, contre sa volonté. Heureusement, la publication américaine a été conforme à ses souhaits[129]. Ce rappel permet simplement de mesurer les difficultés que cette doctrine rencontre tant elle subvertit les habitudes mentales.

La doctrine *organo-dynamique* est expliquée dans l'ouvrage intitulé *des idées de Jackson.* C'est aussi dans cet ouvrage qu'on trouve la nouvelle théorisation de la conscience, *le corps psychique*[130].

Quelques remarques préliminaires à propos de l'organo-dynamisme

Contrairement à ce que laisserait croire la notion d'*organo-dynamisme*, il ne s'agit pas de traiter du dynamisme organique mais de l'organisation dynamique du processus de conscientisation. Le phénomène de conscience est un processus qui se constitue en même temps qu'il constitue son monde. La conscience n'a pas de cause en dehors d'elle-même, elle émerge sous certaines conditions. Cette doctrine remet en cause les présupposés

---

[129] La publication de *La Conscience* aux États-Unis a été pour EY l'occasion de corriger le titre français qui ne lui convenait pas car il réifiait le processus même de conscience.

[130] Dans le livre *Des idées de Jackson*, le chapitre II est consacré au *corps psychique.*

existants : le discours idéaliste qui pense que la conscience existe en puissance avant de devenir mondaine, à la manière de *l'entéléchie* aristotélicienne ; le discours matérialiste ou scientifique qui fait de la conscience l'effet d'une cause sociale ou physique. Au contraire de toutes ces représentations la doctrine eyienne affirme que la conscience est un état de la nature au même titre que l'état gazeux, ou liquide[131]. La conscience est un état de la nature avec ses lois, son organisation, sa dynamique et sa finalité. La conscience est à la fois constituante et constituée.

Il est évident que rendre compte d'un tel processus suppose la mise en œuvre d'une nouvelle méthode. La méthode choisie par Henri Ey est celle du retour à l'origine, à la manière des phénoménologues. Toutefois, cette méthode du retour à l'origine n'est pas nouvelle pour la psychiatrie. Le psychiatre qui étudie la désintégration du système conscient doit avoir une méthode généalogique et de retour à l'origine pour comprendre pourquoi le phénomène de conscientisation ne se produit pas. La question de l'origine est un problème : comment la penser alors qu'elle n'est pas pensable ? C'est *l'obstacle épistémologique* qu'a dû affronter la doctrine eyienne.

Dans l'introduction au modèle *organo-dynamique*, Henri Ey précise que l'obstacle majeur à l'étude de la conscience est la représentation que nous nous faisons de la *nature.* Nous pensons la nature comme le fondement de toute réalité ; or, si elle existe, c'est parce que la conscience la pense et l'organise. Elle n'a pas de réalité autonome, elle est liée à l'émergence de la conscience. La nature est une représentation. *« La "nature" est un concept général et obscur »*, obscurci par le fait que nous la détachons de notre

---

[131] Nous rappelons que Searle est le représentant d'une tendance des neurosciences qui admet une certaine spécificité à la conscience mais comme processus produit par le biologique.

système perceptif et mental pour en faire une réalité autonome. Elle est relative à l'homme, elle est un *objet de conscience* qui est une étape dans le processus de conscientisation. La « *nature* » n'est pas originaire, elle est le produit d'une intention. La distinction entre *réalité physique* et *monde de la conscience* est une illusion, illusion de la séparation « objective » de l'extériorité et de l'intériorité. L'erreur est de n'avoir jamais mis en relation le processus de conscientisation et le processus de constitution de la réalité. Ces « concepts objectifs » ne sont que des constructions de l'esprit, des *idéalités* et non des « *réalités* » selon la terminologie phénoménologique qu'Henri Ey fait sienne. Cette approche n'est pas isolée, elle a des similitudes avec la démarche de Merleau-Ponty dans la *Structure du comportement*. L'illusion de la distinction entre nature/conscience, sujet/objet, etc., vient de notre penchant naturel à considérer les objets mentaux comme des objets réels et à penser que notre ordre logique binaire peut expliquer les phénomènes du monde.

« *Nous devons donc bien préciser que parler de l'histoire naturelle de l'Homme, c'est viser son essence (c'est-à-dire la possibilité de son histoire telle qu'elle se trouve inscrite dans son corps) mais aussi son "existence" (c'est-à-dire la série des événements qui en constituent concrètement le drame personnel, selon G. Politzer, la réalisation du projet, selon Heidegger, ou le sens de ce qui se passe ou se produit "pour soi" selon Hegel ou J.-P. Sartre)* »[132].

Le propos eyien peut paraître paradoxal dans la mesure où il pourrait se confondre avec un discours *essentialiste* de

[132] Henri Ey, *Des idées de Jackson à un modèle organo-dynamique en psychiatrie*, éd. L'Harmattan, coll. « Psychanalyse et Civilisation » série « Trouvailles et retrouvailles », ISBN 2-7384-5926-9, p. 209.

l'homme apparenté aux discours métaphysiques. Le lien n'est qu'apparent, il veut, par l'usage de telles notions, rappeler son souci de retour à l'origine, avant que ne se fixent en réalités illusoires les différents plans, concepts ou pseudo-réalités. C'est ainsi que la notion de « nature » est réductrice pour comprendre le processus de conscientisation. La « nature » est un moment nécessaire à la prise de conscience de l'homme par lui-même, elle ne se comprend qu'en lien avec le processus de conscientisation. Elle est une objectivation du processus de conscience à un moment donné. C'est la raison pour laquelle la « nature » est une représentation qui possède une histoire tant individuelle que collective. Pour Henri Ey, il faut aller jusqu'à l'essence même du phénomène, avant la formation des représentations. C'est la seule voie pour comprendre comment l'existence émerge à partir d'une condition inhérente à elle. Exister, c'est faire que le monde soit un monde *pour soi*. Le monde n'est pas, il est perçu. Faut-il le préciser, ce qui est valable pour l'homme est valable pour chaque espèce dont l'*essence* fait qu'elle élabore tel ou tel système ? Il y a autant de « monde pour… » qu'il n'y a d'espèces[133]. Le monde constitué n'est pas neutre. Il n'est pas la référence commune et univoque pour toutes les espèces. Il est signifiant pour chacune. Le monde n'existe pas, il est une *réalité* polysémique. Le monde a une existence relative. La présence au monde est relative à

[133] F. Wolff, dans son ouvrage, *Trois utopies contemporaines*, éd. Fayard, Paris, 2017, reprend et actualise l'idée eyienne selon laquelle tout discours essentialiste sur l'homme est un discours métaphysique mais en même temps vouloir faire de l'homme un animal au seul prétexte qu'il est un être sensible est un discours qui nie la réalité. Leurs propos cherchent à montrer qu'il peut exister dans un même système des natures différentes qui ont leurs propres réalités. Son propos est de montrer qu'il n'existe pas une nature mais des natures qui coexistent et coopèrent.

chaque système[134], par exemple, l'histoire de l'homme est celle de l'ouverture du biologique au sens, à sa participation à un monde de sens car l'homme a développé la faculté symbolique par le développement du langage. Henri Ey, en systémique qu'il est, rappelle cette intrication nécessaire des systèmes entre eux. Exister pour l'homme, c'est mettre en perspective pour produire du sens, exprimer son essence dans la « nature » non pas pour en « être comme maître et possesseur » mais pour l'habiter, être chez soi. L'*organo-dynamisme* raconte ce processus et tente de lui donner une expression. Il y va de l'*essence* de l'homme de constituer un monde-pour-soi. C'est la constitution du monde-pour-soi que l'organo-dynamisme met à jour. Cette histoire, c'est *« se doter d'un mode d'organisation de sa vie de relation qui exige que son développement soit son histoire ».* Ce monde-pour-l'homme est un monde de relations. C'est l'histoire de la commensurabilité de la « nature » et de l'« essence » de l'homme. Si bien que son histoire dépasse même son essence. C'est un point important car dire qu'il est de l'essence de l'homme de constituer un monde-pour-l'homme, c'est prendre le risque d'une idée d'appropriation comme si tout était dit avant l'expérience de l'existence. En se constituant en *existant* l'homme se constitue comme un *devenir*.

L'histoire, le propre de l'existence

L'*histoire* est ce qui définit le mieux le *devenir humain.* Quand on parle d'histoire, on donne un contenu au temps du *devenir humain*, un contenu qui s'écrit sous le règne de la raison selon le plan du collectif et de l'individuel. *L'histoire* est celle de la constitution du champ de *La*

[134] C'est l'idée d'une histoire naturelle qu'Henri Ey a commencé à mettre en place dans son histoire de la médecine.

conscience *campine,* milieu symbolique et toujours renouvelé.

L'*organo-dynamisme* se présente comme la science de l'homme qui prend en considération le devenir contrairement à la science anthropologique ou sociologique qui n'étudient que des moments juxtaposés *« d'où la négligence à peu près systématique de l'organisation individuelle et interne de l'être humain qu'entretient, et même proclame, l'anthropologie contemporaine. D'où le glissement de la "psychologie" d'une physiologie mécanique absurde à une psychosociologie également et systématiquement absurde »*[135].

Les critères de la nouvelle science

« Il semble qu'une certaine réaction paraît s'opérer et qui correspond non seulement à notre souhait, mais à notre prévision. L'idée même de "nature" impliquant pour ce qui est celle de l'homme, la "culture" qui constitue son complément, et même sa condition (S. Moscovici), cette idée méprisée, et même abhorrée reprend la vigueur qu'une "biologie" plus dynamique et téléologique peut à nouveau exiger une meilleure explication et compréhension de la "nature humaine". Peut-être le "retour au corps" que dessine déjà, mais encore sur le plan virtuel du phantasme, une certaine orientation de la Psychanalyse en est-il l'indice. Mais ce qu'écrivait récemment E. Morin (1973) mérite plus sérieusement de retenir notre attention. À propos précisément de la "révolution biologique" qui a mis en évidence, dit-il, la "signification paradigmatique" du terme "organisation particulière", l'auteur souligne que l'hominisation est tout à la fois cérébralisation (ou si l'on

[135] Henri Ey, *Des idées de Jackson à un modèle organo-dynamique en psychiatrie*, éd. L'Harmattan, Paris, 1997, p. 210.

veut organisation de la complexité spatiale) et juvénilisation (ou plus simplement enroulement de l'histoire à la préhistoire dans le temps jamais perdu des événements passés). C'est cette idée qu'exprime plus fortement encore L. von Bertalanffy lorsque, lui aussi, après avoir tiré l'enseignement de la biologie téléologique contemporaine (de la "logique du vivant") en vient à écrire dans un paragraphe de son ouvrage (intitulé Le commandement ultime : l'homme est un individu*) les lignes que nous devons reproduire ici : "l'Homme n'est pas seulement un animal politique, il est d'abord et avant tout un individu... la société humaine n'est pas une communauté de fourmis et de termites... elle est fondée sur l'achèvement de l'individu, et elle est perdue si l'individu n'est qu'un rouage de la machine sociale."* »[136]

Dans ce texte, trop méconnu, les intentions d'Ey et son approche méthodologique sont clairement exprimées. Les sciences de l'homme et la psychologie en particulier ne parviennent pas à se constituer comme science car elles n'ont pas accompli leur révolution *copernicienne* en n'interrogeant pas les présupposés de ses énoncés scientifiques. Elles n'ont jamais mis en place une véritable étude systémique et dynamique de l'homme, elles se contentent d'une étude statique qui ignore les interrelations. Le texte d'Ey met en évidence cet obstacle qui consiste à objectiver un processus et à lui donner une réalité qu'il ne possède pas en dehors de la *rencontre.* C'est pourquoi on passe à côté du processus de conscience qui est à la rencontre d'une infinité de systèmes et qui les organise dynamiquement et hiérarchiquement.

---

[136] Henri Ey, *Des idées de Jackson à un modèle organo-dynamique en psychiatrie*, éd. L'Harmattan, Paris, 1997, p. 210.

L'origine c'est le *corps*

Henri Ey comprend que pour mettre un terme aux erreurs, il faut partir du *corps* lui-même et comprendre comment il se constitue pour comprendre comment son monde se constitue. Partir du *corps* c'est poser l'origine de toute existence : exister c'est avant tout *être et avoir un corps.* Non pas un corps objet, le corps n'est jamais un objet, il est la condition de notre existence. Le *corps* n'est pas un objet, il est le médiateur par lequel la qualité est introduite dans le monde. La question du *corps* est centrale dans toute la philosophie contemporaine et en particulier dans la phénoménologie. Le *corps* est le lieu où s'inscrit la rencontre entre l'essence de l'homme et la matière. Le *corps* pourrait-on dire est toute la nature. Pour reprendre une expression de Merleau-Ponty, il est la *chair* du monde. Le *corps* c'est l'*exister*, c'est en conséquence le *monde-pour-l'homme*. Le corps singulier est le lieu du *« je »* incarné faisant corps avec l'univers. Ey, par ce retour au corps, veut signifier que le *corps* est le médiateur entre nous et nous-même. Mais ce qu'il veut surtout signifier c'est qu'il n'y a pas d'existence objective, neutre, que toute existence est une insertion singulière qui fait entrer la subjectivité dans la réalité. C'est, certainement, le point essentiel de l'étude eyienne. Il n'y a que des existences singulières, le collectif n'est qu'une abstraction nécessaire mais non constitutive. Henri Ey renverse les cadres de la science qui depuis Aristote prônait la suprématie de la généralité sur la singularité qui ne pouvait pas être étudiée : « *Il n'y a de science que du général* »[137]. C'est le grand renversement des perspectives qu'il instaure.

La nouvelle science doit comprendre le fait de la singularité et l'inscrire dans une finalité que le vivant inscrit

---

[137] Aristote, *La physique.*

dans le monde. Pour parvenir à comprendre cette inscription du vivant dans le monde, on ne peut pas partir du monde objectivé, séparé, divisé. Henri Ey est dans la droite ligne d'Edgar Morin. La *méthode* que préconise ce dernier, en tenant compte des nouvelles avancées des savoirs, est une interdisciplinarité. On ne peut plus penser le vivant comme un simple objet de connaissance car il est implication d'une existence dans un monde. Il y a donc de la *subjectivité*. Pour penser la *subjectivité,* un retour aux choses est nécessaire, un retour à l'origine que préconise la phénoménologie. Tout est relation, tout est implication réciproque et ouverture. C'est la théorie de l'information qui exprime au mieux cette tendance nouvelle. L'information c'est au sens propre « donner forme ». Le monde est information, il est une forme possible en lien avec une existence singulière. C'est ce qu'on appelle aussi les *ontologies particulières*, celles qu'avait mentionnées Husserl. Dès lors, il n'y a rien de surprenant à ce qu'Ey fasse référence à Bertalanffy et à la théorie des systèmes. Le problème de la science contemporaine est aujourd'hui de comprendre comment des systèmes apparemment incommensurables parviennent à se constituer et à être en interrelation. Il n'existe pas un milieu neutre, la nature, qui serait le système de référence, le lieu à partir duquel la différenciation se ferait. La « nature » qu'on considère comme ce qui n'est pas l'homme est au contraire une production humaine qui implique la rencontre d'une infinité de systèmes qui coopèrent. Il n'y a plus de lieu neutre qui permette d'avoir une référence invariante (un tiers exclu) et qui garantit une science objective. Dans l'étude de l'homme, il n'y a pas de tiers exclu, il n'y a aucune référence invariante, le tiers y est inclus. Comment alors pouvoir énoncer des constances, des lois ? C'est le problème de la science de la qualité. C'est la raison pour laquelle les vieux concepts doivent être révoqués et remplacés par de nouveaux concepts qui ne soient plus réducteurs. Ainsi, *l'organo-dynamisme* ne parle-t-il plus de *corps* mais de *corps psychique.* Un corps qualitatif. C'est le cœur de la nouvelle science.

Singularité, communauté et devenir humain

La pulsion est à l'origine du *devenir* de l'homme. Tout freudisme. La pulsion est ce que rencontre originairement l'*intention pure*. C'est son *Autre,* son négatif qu'elle aura à s'approprier. Voilà l'origine du *devenir humain.* Puis, il y a la pulsion canalisée, la pulsion prise en main par l'intentionnalité. Rencontre originaire et toujours singulière. La subsomption sous les règles de l'esprit et de la raison est le deuxième moment du *devenir humain.* Chaque singularité, par la subsomption de la pulsion sous les règles et principes de la raison, produit une représentation de la pulsion, l'objective. L'objet de la pulsion, ou objet du désir, constitue le terreau du sens. Le troisième moment est celui de la rencontre des subjectivités. Celui de la rencontre des singularités par la reconnaissance mutuelle des *objets singuliers de désir*. C'est le moment de la reconnaissance de l'autre au travers de ses *objets de désir.* C'est l'origine de la communauté, du monde du *on* et du *je.* Le monde du *on* est celui de la convergence de toutes les singularités, de la reconnaissance des autres objets de désirs et leur appropriation possible par chacun. Le moment du « on » est celui du partage. Mais tous les objets de désirs ne peuvent pas être reconnus par les autres singularités, ils ne sont pas tous porteurs d'un sens intelligible. C'est le moment de la séparation des singularités. Les singularités ne sont pas interchangeables, elles sont identiques et en même temps différentes. C'est le dernier moment du *devenir humain*, la reconnaissance des différences, des singularités, de l'individualité par la prise de conscience de l'impossible partage de tous les désirs singuliers. Ce qui ne se partage pas est le *refoulé*, l'autre qui est en chacun et qui fait que chacun est différent. Chaque singularité est différence, écart irréductible. Le *refoulé* est ce qui ne peut pas se comprendre chez l'Autre.

Le monde humain n'est pas un monde neutre, il est un *devenir* qui produit des perspectives et des qualités, chaque *objet de désir* correspond à un point de vue, une qualité particulière, un sens singulier. C'est cela le *devenir humain :* introduire un monde de qualité, de subjectivité et de sens. Le *devenir humain* semble avoir pour finalité de produire de la singularité qui est ouverture sur de nouvelles qualités. C'est un processus sans fin qui soumet la pulsion à l'épreuve de l'intentionnalité. Le *devenir humain* est l'histoire de l'émergence de la singularité dans le monde, de la qualité non dite ouverte sur l'indicible. La singularité n'existe que par la qualité qu'elle apporte, « *son histoire naturelle est l'ensemble des événements qui se déroulant dans son existence s'enroulent dans son inconscient et sa normativité est celle du mouvement libre et conscient de son auto-construction* »[138].

L'*organisation dynamique* dont parle Henri Ey correspond à l'effort de plier les forces de l'inconscient, de l'orienter selon les lois hiérarchiques du système de l'homme, pour qu'advienne le monde rationnel en faisant de la pulsion un objet rationnel. La pulsion rationalisée produit du sens. Finalement, il n'y a rien d'originaire ni le singulier, ni le collectif, ni le « je » ni le « on », il y a seulement une dynamique organisationnelle qui fait émerger le système de l'homme dans l'univers indifférencié.

---

[138] Henri Ey, *Des idées de Jackson à un modèle organo-dynamique en psychiatrie*, éd. L'Harmattan, Paris, 1997, p. 210.

L'objet inconscient

Henri Ey en psychiatre part de la théorie de l'inconscient freudien dans la première topique. Topique dans laquelle l'inconscient est le *refoulé*. *L'inconscient*, dans sa forme du *refoulé,* est le moteur de la constitution du *devenir humain.* Il doit être en permanence contenu et réorienté afin d'être partagé. Devenir conscient c'est faire en sorte, pour chaque singularité, de constituer un objet de désir partageable, reconnu. Freud parlait du *destin de la pulsion.* Le *destin* c'est la pulsion soumise, canalisée, endiguée constituée en objet mental signifiant la subjectivité singulière, la manière qualitative d'être au monde et intelligible par tous. La transformation de la pulsion en objet mental ou de la pulsion en désir correspond au processus de socialisation de la pulsion. C'est à la fois un travail singulier et collectif. Singulier car la prise en charge de la pulsion ne peut se faire qu'au plan singulier, collectif car le sens ne peut être donné qu'au travers d'un critère commun. Le langage est au cœur du processus car sans une sublimation symbolique aucun objet de désir ne pourrait être formé. Le partage ne peut se faire que sur le plan symbolique du langage. La pulsion a pour devenir d'être un objet mental collectif intelligible par chacun. Mais tous les objets mentaux n'accèdent pas au statut d'*objet-pour-tous.* Certains restent *refoulés*, hors du champ signifiant. Le *refoulé*, c'est l'individuel, le singulier, ce qui ne se partage pas, c'est l'Autre du sens, du collectif, c'est le singulier, la multiplicité des singularités. C'est le processus d'individuation, l'émergence de l'individu dans un processus de mise en commun qui ne parvient pas à s'effectuer. L'individuation apparaît à la fois comme l'impasse d'une production de sens et comme le réservoir infini d'autres productions de sens qui sont en attente. C'est l'impasse du processus de conscientisation. Quand on pense le processus de conscientisation sous ce modèle on voit se dessiner les interrelations entre le collectif et le singulier, la communauté et l'individu qu'il était impossible de comprendre quand on pensait séparément le collectif, le singulier, la communauté, l'individu, etc. Le processus de conscientisation ne se comprend qu'en termes de relations. L'*essence* de l'homme c'est la *relation.* Le processus de conscientisation est celui qui fait apparaître la communauté et les individus en même temps[139]. Ce processus est lié à la formation d'un inconscient singulier, d'un *refoulé,* ce qui ne peut pas produire un objet mental commun et qui par conséquent est refoulé hors du monde du sens et qui est le propre d'une singularité. L'individu, la singularité, apparaît comme le point de départ d'une ouverture vers d'autres possibles, vers d'autres sens qui auront à être informés pour entrer dans la grammaire langagière conditions de l'intelligibilité. Étonnamment, c'est l'individu avec son *refoulé* qui est le garant de l'ouverture du collectif car il est le réservoir de sens à venir.

Le *refoulé* est le cœur même du *devenir humain.* C'est parce qu'il y a du *refoulé* qu'il y a du *devenir.* Sans *refoulé,* le temps humain n'existerait pas. Le temps humain est le temps de la constitution du sens. Le temps pour l'homme c'est de faire advenir le sens, rendre intelligible le *refoulé.* Les philosophes ont bien rendu compte du monde, du processus d'humanisation comme information du monde mais ils ne se sont pas aperçus que le monde dont il parlait n'était pas le monde physique. Ils ne sont pas allés à l'origine même des choses. Le monde est déjà un objet

---

[139] Il est très important de bien comprendre ce processus car dans cette démarche Henri Ey marque son opposition avec les sciences de l'homme structurales qui considèrent que la collectivité est première et que l'individu en est son produit. Il montre par ce processus que la communauté et l'individu se constituent en même temps. La différence de théorie est liée à l'introduction de la temporalité qui change les perspectives.

constitué car il est un objet symbolique. Le terreau de l'homme c'est la pulsion. Son devenir, c'est sa canalisation et sa mise en objets mentaux par une *intention pure* au sens phénoménologique du terme. C'est pourquoi ils n'ont pas rendu compte de la temporalité humaine, de la spécificité de cette temporalité. Le projet ontologique est de produire de la qualité. Or, cela ne peut se faire que dans la subsomption de l'univers en formes langagières pour qu'émergent non plus des singularités mais des *personnes,* des singularités reconnues par les autres singularités comme productrices de sens nouveau. C'est pourquoi Henri Ey parle d'une téléologie. La signification de l'ontologie est l'apparition de la personne comme singularité consciente et possédant une qualité. Une singularité qui, comme Janus, possède un double regard, l'un vers le collectif et le système fermé de l'homme, l'autre vers la pulsion et son ouverture. À la rencontre de ces deux mondes se tient la Personne.

Le refoulé garantit l'ouverture du système signifiant

Dans la doctrine *organo-dynamique* l'inconscient n'est plus seulement le refoulé, le désir qui n'a pas encore pu trouver sa structure grammaticale et signifiante, il est aussi le lieu par lequel tout le système humain s'ouvre à l'infinité de la pulsion. Il est le lieu qui empêche le système de se fermer sur lui-même. Il est le réservoir d'autres sens possibles qui accéderont à l'intelligibilité en d'autres temps. Le refoulé ou l'inconscient singulier n'est pas seulement ce qui n'est pas acceptable par la collectivité, ce que le *sur-moi* rejette comme objet indésirable mais c'est aussi ce qui ne peut être traité comme sens à un moment donné, car ne peut pas être pris en charge par les référents collectifs. Pour comprendre le processus qui mène de l'individuation, à la personne comme individuation consciente de sa différence, il faut passer par la notion d'inconscient à condition de l'insérer dans un processus dont elle est un moment. L'inconscient est toujours un inconscient singulier, seules les singularités ont un vécu, un contact avec l'univers pulsionnel, le fond sur lequel se constitue la figure de l'homme, le fond duquel l'homme s'arrache pour exister. Mais la pulsion en s'intégrant dans le système de l'homme se soumet à la fonction cérébrale pour qu'elle soit intégrée en se rendant intelligible. Dès lors, toute expression de la pulsion se dit sur le mode du « on », du collectif. C'est la dimension qualitative du monde qui s'exprime sous cette forme. C'est cela l'introduction de la qualité dans le monde, l'introduction du corps singulier dans le monde, un monde qui par la convergence des perspectives singulières fait émerger un monde collectif, un corps collectif. Or, si l'inconscient dans sa forme du *ça*, est bien l'autre de *l'intention pure*, elle ne peut qu'être singulière dans sa forme du « refoulé ». Le « refoulé » constitue l'écart entre moi et les autres, dans cet écart, c'est le « je » qui surgit comme ce sur qui personne ne peut avoir de perspective, d'appropriation parce que ça ne peut pas se dire. Le refoulé recueille le vécu singulier avant de le redonner, retravaillé sous une nouvelle forme symbolique qui alimente le sens collectif. La forme symbolique donne un sens ouvert à chacun mais en même temps il se referme sur lui-même. Le refoulé toujours singulier est une attente nouvelle de sens. Le fait que le « refoulé » ne se donne pas selon les règles et principes de la raison et de l'entendement lui confère une intimité. La personne émerge dans l'expression symbolique qu'elle donne à penser sans jamais tout dévoiler. Sans le « refoulé », il ne pourrait pas y avoir de « personne ».

Ces thèses semblent proches de la théorie freudienne. Alors pourquoi Freud n'a-t-il pas pu soutenir l'existence du Sujet ou de la Personne ? La pensée de Freud à l'inverse de la pensée d'Ey est enfermée dans une représentation statique de l'homme. Elle prend chaque instance de la vie psychique pour un donné absolu sans jamais mettre dans une relation dynamique et temporelle. La vie psychique y est statique. Comme nous l'avons déjà expliqué, ce n'est pas un hasard si Freud appelait le psychisme, l'*« appareil psychique »*. La théorie freudienne avait besoin d'être réévaluée en introduisant la dimension temporelle de l'être et permettre de comprendre comment dans le processus de conscientisation s'inscrit chaque moment du devenir, et ainsi comprendre ce qui se cache derrière les mots de « refoulé », d'« individu », de « personne », etc. L'apport eyien est d'avoir montré que chacun des moments du devenir s'organise en vue d'une fin selon une organisation précise qui se concrétise dans l'apparition de l'individu conscient de lui-même, la *Personne*.

L'organo-dynamisme en intégrant la dimension de la temporalité et en présentant chaque instance de l'« appareil psychique » dans sa dimension dynamique a fait basculer toutes les connaissances et représentations de l'homme. La finalité de chaque vie individuelle n'est plus seulement de chercher la moindre tension. Cette vision mécanique de l'homme omettait d'intégrer le cerveau comme une fonction et non comme un simple organe. La fonction cérébrale participe à l'élaboration de la qualité dans le monde. La vie individuelle ne cherche pas seulement à se conformer au collectif, Ey la replace dans un devenir collectif dont la finalité est de faire émerger l'individu conscient de lui-même ou la *personne*. L'organo-dynamisme permet de penser et de comprendre le processus d'humanisation et celui d'individuation qui lui est consubstantiel. « *Dès lors, nous pouvons plus clairement apercevoir que la nature de l'Homme implique la constitution de son corps psychique pour autant que celui-*

ci est l'organe de sa personne et de sa liberté, c'est-à-dire de son individualité portée à sa plus grande puissance. »[140] La pensée freudienne en n'intégrant pas la dimension temporelle a produit une représentation statique de l'homme. Elle a fait de l'individu le produit d'une société. Elle est restée enfermée dans une logique de l'exclusion, du principe de non-contradiction.

Bilan

C'est une nouvelle représentation de l'homme que propose Henri Ey. Il montre combien le processus de personnalisation est fragile comme l'expression de l'homme dans le monde. L'Homme s'arrache à la force dynamique de la pulsion pour se constituer dans un projet dynamique en se niant dans le collectif pour resurgir comme une personne en se liant et s'opposant au collectif. Ce processus qui part du singulier pour passer par le collectif (le général ou la collectivité) et revenir au particulier (la personne) ne peut qu'être un processus ouvert et jamais stabilisé et qui peut aussi revenir à l'état premier de l'informe et ne jamais émerger. C'est en ce sens qu'il est fragile. La personne ne gagne son statut qu'au prix d'un combat incertain que la maladie mentale révèle. C'est en ce sens qu'Ey la définissait comme une « *pathologie de la liberté* » ? L'idée de pathologie renvoie à celle d'un processus qui s'enferme sur lui-même, qui ne peut plus être intégrateur et qui dès lors implose pour revenir à un état de désinformation. « *C'est cette dernière et vulnérable organisation qui est atteinte par la dissolution psychopathologique.* »[141]

---

[140] Henri Ey, *Des idées de Jackson à un modèle organo-dynamique en psychiatrie*, éd. L'Harmattan, Paris, 1997, p. 211.
[141] Henri Ey, *Des idées de Jackson à un modèle organo-dynamique en psychiatrie*, éd. L'Harmattan, Paris, 1997, p. 211.

Cette organisation dynamique, Ey lui a donné le nom de « *corps psychique* ». C'est lui que nous allons à présent étudier pour clore notre étude de l'œuvre d'Henri Ey.

Le corps psychique

Le « *corps psychique* » est la représentation achevée de l'homme dans le système eyien. Cette représentation marque la rupture définitive d'une certaine manière d'aborder la vie psychique mais aussi d'une certaine manière de la problématiser. Avec la notion de « *corps psychique* » s'achèvent toutes les apories concernant les rapports d'opposition entre le monde physique et le monde de la conscience, entre la conscience et l'inconscient, etc. Le *« corps psychique »* clôt la question des rapports du corps et de l'esprit que Descartes avait initié en découvrant la 3e substance, point de départ de la psychologie. Le *corps psychique* met un terme au débat entre les matérialistes, dont Locke avec l'invention de la notion de *conscience* est le fondateur et les idéalistes, à la suite de Hegel et des philosophies de l'existence. Elle donne au corps la place qui lui revient de droit, la place centrale en affirmant que le monde, c'est le corps. Enfin, elle introduit la temporalité et par conséquent la qualité comme milieu dans lequel l'humain baigne.

Quelques remarques méthodologiques et épistémologiques

Le *corps,* c'est le monde, monde fait de subjectivités, de qualités infinies. C'est par le *corps* que la qualité s'introduit dans le monde et que l'existence devient un phénomène à part entière. Le *corps* nous fait être au monde en faisant du monde la *chair des hommes*, elle est la condition de notre sortie hors du monde.

Cette question du *corps* auquel Ey donne un statut définitif s'inscrit dans la ligne directe des interrogations philosophiques modernes et contemporaines. Le *corps* eyien s'apparente au courant philosophique phénoménologique et plus particulièrement à la philosophie de la *chair du monde* de Merleau-Ponty. Le *corps psychique* est l'espace qualitatif où se combine tout ce qui constitue potentiellement l'homme : la matière, la pulsion, l'intention. Il apparaît comme le vrai monde de l'homme. Cette *chair* est tout autant matière, pulsion ou intention. Elle est le lieu de toute vie psychique. Henri Ey, ne disait-il pas que la *conscience est campine ?* Ce lieu s'appelle le « *corps psychique* » pour bien indiquer qu'il est un mixte et ne peut pas se réduire à telle ou telle de ses dimensions. C'est par le *corps/chair* que nous sommes en même temps dans le monde et hors du monde. Ce corps que même les penseurs contemporains du soupçon du sujet sont obligés de traiter comme un mixte ; Deleuze écrira qu'il est une *machine désirante*. Il n'est pas possible de réduire le corps aux seules lois mécaniques, biologiques, physiques ou mentales. Pour éviter la tentation de la réduction, Merleau-Ponty a inventé la notion de *corps propre,* et pour les mêmes raisons Henri Ey celle de *corps psychique.* C'est par le *corps/chair*, le *corps psychique* que le vivant homme devient un vivant humain.

« *Parmi les "corps", groupes naturels de phénomènes solidaires (M. Blondel), notre Corps, "étrange objet" se séparant lui-même de ceux qu'il fabrique, non seulement "doté d'un programme" comme une machine mais issu d'un projet plus vaste (téléonomique, dit J. Monod), "hiérarchie d'intégrons" organisé selon la logique du vivant (Fr. Jacob), le Corps (Leib, en allemand) n'est pas un corps (Kröper) ; il n'est pas un objet physique mais un "système ouvert", c'est-à-dire animé par le mouvement même qui ne cesse d'incorporer son monde à sa propre organisation. Et dans et par ce Corps indéfiniment fixé par son instinct de conservation à une homéostasie qui lui garantit, naît, pour changer et se développer, un nouveau Corps, le "Corps psychique" : celui-ci n'est ni un autre ni le même que le Corps occupant sa place dans l'espace (celui que limite son tégument), mais un Corps qui est essentiellement un être de temps, de devenir, tendant par son auto-construction à sa propre finitude.* »[142]

Pour comprendre la notion de *Corps psychique,* nous devons remettre en cause nos attitudes mentales, notre logique naturelle. Il n'est pas possible de concilier la logique de la catégorisation avec la logique temporelle que nécessite la notion de *Corps psychique*. La représentation du corps qui découle de la logique de la non-contradiction interdit de comprendre le corps dans une dynamique inscrite dans la temporalité. Le corps y est réifié, figé comme un objet du monde et pensé d'une manière abstraite.

Temporalité et représentation

Ignorer la temporalité comme ouverture permanente, c'est se replier sur le principe de causalité qui est le principe le plus réifiant qui existe. C'est ce principe logique qui est considéré, aujourd'hui, comme un obstacle majeur à la compréhension de l'« *homme* ». Le principe de causalité ne peut s'appliquer que dans un cadre spatial et non temporel, dans une relation *partes extra partes,* car il pose une continuité nécessaire entre deux éléments contigus et ignore l'imprévisibilité introduite par la temporalité qui se concrétise dans l'infinie possibilité des choix que chaque instant présente à chacun. La représentation causale affirme que l'existence est un effet et non un surgissement. Le principe de causalité associé au principe de *non-contradiction* interdit de penser que chaque vie est une actualisation intentionnelle, singulière, faite de possibles qui ne peuvent pas être pensés comme un enchaînement prévisible de faits. La vie est un enchaînement

[142] Henri Ey, *Des idées de Jackson à un modèle organo-dynamique en psychiatrie*, éd. L'Harmattan, Paris, 1997, p. 227.

d'imprévisibilités. Un enchaînement de possibles au carrefour d'une infinité de nouveautés. Le présent n'est pas un point sur une ligne abstraite du temps, il est la présence d'une intentionnalité, une présence toujours en train de faire des choix, une présence décisionnelle qui, par définition, fait des choix aléatoires. C'est pourquoi le principe de non-contradiction est inopérant, l'homme n'est pas un effet, il est une création, un arrachement au monde. L'homme en se constituant comme le sujet de son monde ne peut plus en être l'effet. On ne peut comprendre l'homme qu'au travers de cette dynamique fondamentale. Bergson avait déjà écrit des remarques similaires où la « nature » apparaissait comme une actualisation jamais achevée et une organisation d'intégration. Les principes de la logique aristotélicienne ne peuvent s'appliquer qu'à des entités figées mais certainement pas au vivant. La remise en cause de la logique aristotélicienne remonte à Darwin et sa théorie de l'évolution des espèces. Cette théorie reconnaît que les espèces sont des possibles mais que rien ne pouvait les prévoir. Le principe de causalité est un principe métaphysique car il suppose un enchaînement des événements selon un ordre préétabli. Henri Ey conteste cette approche réifiante et non scientifique.

La vie humaine est un système d'intégration et non un enchaînement de faits juxtaposés selon un ordre intelligible. L'intégration est un processus qui soumet à sa propre loi l'infinie diversité du monde, elle ne peut pas être une relation mécanique. Le *Corps psychique*, qui est un processus intégrateur, subsume le monde sous ses règles, dès lors, il ne peut plus être pensé comme un effet, même si les plans qui le constituent sont chacun soumis aux lois de leur milieu. C'est ce qui fait toute la différence. Le système du *corps psychique* ne peut pas se comprendre comme la sommation de tous ses sous-ensembles mais comme l'émergence d'un système original possédant sa propre dynamique interne. Le texte, cité ci-dessus, montre à quel point la logique discriminatoire de la non-contradiction, la logique binaire est impuissante à donner une représentation adéquate de l'homme. Le *Corps psychique* est le corps physique, biologique, cognitif, sensitif, etc., il est tous les corps sans jamais pouvoir se réduire à l'un d'eux.

Si l'on en reste au plan de la logique binaire, le vécu est incompréhensible tout comme le serait la personne singulière, la communauté des hommes, etc. Pour qu'il y ait du vécu singulier, il faut que le présent soit plein d'une présence qui tente d'émerger d'un milieu dans lequel elle s'englue. Le présent est une présence et cette présence est la grande absente des analyses existantes[143]. Le présent a toujours été pensé comme un passage jamais comme un événement toujours renouvelé. La représentation d'un présent/passage est en lien avec la représentation spatialisée du temps. Il y a un passé, un présent et un futur, alors qu'il faudrait penser tous les moments du temps comme un seul temps : le temps rompt avec l'espace géométrique des parties qui se juxtaposent. Le temps n'est pas linéaire et ses moments s'entrecroisent, correspondent, se répondent. Il faut en terminer avec l'idée d'un temps spatialisé pour comprendre le *devenir humain.* Penser un temps qui n'a ni commencement ni fin est une vraie gageure[144]. Une fois de plus, nous constatons l'obstacle majeur que représentent nos formulations qui sont formées sur notre organisation

---

143 C'est le cas de la psychanalyse mais aussi de toutes les pensées structuralistes qui dominent la pensée quand Henri Ey écrit les pages sur la conscience. Il faudra attendre l'apparition d'une nouvelle école représentée par E. Morin et Feyerabend pour remettre en cause la méthode « scolastique ». Leurs livres ont des titres évocateurs : *La méthode* et *contre la méthode*.

144 Cette difficulté d'appréhender le temps est contenue dans le texte de saint Augustin *Les Confessions*. Elle est reprise dans les analyses philosophiques de Bergson sur les rapports du vivant et du mouvant.

logique. On parle du présent alors que nous devrions parler de la présence, de la présence de l'être toujours prête à se manifester dans une expression mondaine dans laquelle il ne s'enferme pas. Henri Ey, comme les philosophes phénoménologiques, renoue avec l'ontologie. La résistance qu'on observe est liée au fait que faire du présent une présence et de la présence une expression toujours renouvelée et jamais identique à elle-même interdit la constitution d'une science de l'homme sur le modèle des sciences lourdes et en finit avec l'énonciation de lois définitives. La présence, c'est l'intrusion de l'impensé, de l'irréfléchi dans le monde. Le monde est le processus de conscientisation, celui de la reconnaissance mutuelle des singularités.

La catégorisation

Toute l'étude sur le *Corps psychique* montre la tension qui existe entre la forme naturelle de penser et la réalité du vivant. Henri Ey insiste sur cet antagonisme qui a mené à toutes les formes de dualisme ou de monismes, approches qui ont été des erreurs et qui ont occulté la notion même d'humanisation. Le fait de réduire l'acte de penser à la formulation de catégories, à l'art de discriminer et d'organiser selon l'opposition et le principe de non-contradiction a entraîné une réification de nos représentations et a empêché de penser la notion de *processus intégrateur* qui rend de manière plus fidèle le mouvement de l'humanisation. Les processus d'intégration s'opposent à la logique binaire, ils produisent de la relation là où la logique de la non-contradiction sépare. En opposant le corps au cerveau, l'intériorité à l'extériorité, moi à autrui, etc. on finit par penser les relations non pas comme des processus dynamiques mais comme des relations externes *partes extra partes.* Le vécu n'est pas le produit de stimuli provoqués par un monde extérieur qui serait un monde tout fait, indépendant de nous. Le vécu ne peut pas, non plus, être présupposé, il est nouveauté absolue même si cette nouveauté n'est pas absolue liberté car elle tient compte des réalités sans pour autant n'être qu'une réaction à l'environnement. Le vécu intègre et constitue. La notion d'*intégration* est le concept fondamental de la théorie eyienne. Elle est le concept qui permet de tenir à distance les formes logiques dominantes sans pour autant pouvoir faire l'économie d'inventer une nouvelle logique et une nouvelle formulation pour parler du vécu sans le réifier. C'est cette obsession qui transparaît dans le chapitre du *Corps psychique*. Henri Ey sait qu'il n'est pas solitaire dans cette démarche de remise en question dans une note de ce chapitre (note 1, p. 228), il mentionne les nouvelles approches tant en biologie qu'en philosophie ou en physique et il cite quelques noms : Cuvier, Merleau-Ponty et Bertalanffy pour conclure par ces mots : « *Telle est l'idée que nous pouvons nous faire de notre propre corps, de la vie et de l'esprit, pour autant qu'ils sont le mouvement même d'une évolution.* »[145]

Le défi d'une notion contestée

La notion de *Corps psychique* peut être considérée comme une provocation intellectuelle car elle tente d'unir dans un même processus le corps physique, le corps pulsionnel et la vie de l'esprit ce qui est contradictoire pour un esprit formé à la logique de la non-contradiction.

Toutefois, il est urgent pour la psychiatrie de se départir de l'attitude intellectuelle dominante si elle veut être la science de la maladie mentale. Dans la théorie freudienne,

---

145 Henri Ey, *Des idées de Jackson à un modèle organo-dynamique en psychiatrie*, éd. L'Harmattan, Paris, 1997, p. 228, 229.

rappelons-le, il est impensable que la maladie mentale existe, elle ne peut être que psychique car elle ne se libère pas du dualisme : conscient/inconscient, pourtant, « *Ce que Freud a vraiment découvert, c'est ça : l'Inconscient, c'est le Refoulé* ». Mais pour pouvoir exploiter cette découverte majeure, il fallait oser remettre en cause la logique de la non-contradiction. La conscience ne s'oppose pas au refoulé, elle est la condition du *refoulé* et le *refoulé* n'est qu'une forme inaccomplie de la conscience, comme tout le vécu ne se comprend que dans l'affrontement entre la pulsion et l'intention pure. On ne peut pas opposer le conscient et l'inconscient, ils participent d'une même dynamique, ils ne peuvent se penser qu'en situation d'altérité. C'est pourquoi Henri Ey se refuse aussi à faire usage de la notion freudienne d'*appareil psychique* qui sous-entend un processus mécanique pour la remplacer par la notion de *Corps psychique* qui met en avant les processus intégrateurs.

Cette provocation est, en même temps, un clin d'œil à la philosophie phénoménologique et plus particulièrement à la notion de *Corps Propre* de Merleau-Ponty. Henri Ey pointe du doigt l'incapacité de la philosophie à pouvoir rendre compte du processus de conscientisation car elle ne fait pas de la pulsion le socle de la vie psychique. Pourtant, il faut reconnaître à Merleau-Ponty et aux philosophes de l'existence en général d'avoir su remettre le débat sur le plan de l'épistémologie. « *Ainsi, l'expérience du corps propre s'oppose au mouvement réflexif qui dégage l'objet du sujet et le sujet de l'objet, et qui ne nous donne que la pensée du corps ou le corps en idée et non pas l'expérience du corps ou le corps en réalité* »[146]. Malgré ces avancées, la philosophie n'est pas parvenue à mettre à jour la notion

[146] Merleau-Ponty, *Phénoménologie de la perception*, éd. Gallimard, Paris, 1945, coll. « Tel. 1989 », 1re partie, chap. VI, p. 231.

de *personne.* Cette notion ne devient une évidence que dans le processus de canalisation de la pulsion par une conscience intentionnelle, lors de la production du « *destin de la pulsion* ».

L'écart entre la philosophie de l'existence et la pensée d'Ey apparaît dans l'orientation de leurs recherches respectives : la philosophie traite de l'intersubjectivité en général et la psychiatrie eyienne de la communication des *vécus singuliers.* La philosophie se demande comment des *subjectivités* qui, par définition, sont singulières peuvent communiquer. La psychiatrie et la pensée eyienne se demandent comment l'expression singulière d'un vécu singulier peut se dire selon le mode collectif du symbolique. Henri Ey étudie le traitement qualitatif et singulier des *vécus* et il demande comment il est possible de partager cette qualité éminemment singulière. On peut résumer ces problématiques en disant que la philosophie questionne la notion d'*individu* et la psychiatrie questionne la notion de *personne.* La *personnalisation* est au cœur de la psychiatrie et l'*individuation* au cœur de la philosophie malgré certaines tentatives comme celle de Merleau-Ponty dans sa réflexion sur la sexualité développée dans la *Phénoménologie de la perception* où il y précise que « *la perception érotique n'est pas une "cogitatio" qui vise un "cogitatum" ; à travers un corps, elle vise un autre corps, elle se fait dans le monde et non pas dans une conscience* »[147]. Ce type de relation se fait bien sur le mode émotionnel puisqu'il est un état affectif et non sur le mode de la pensée car ce n'est pas un état de conscience. Toutefois, Merleau-Ponty, s'il rencontre les préoccupations de la psychiatrie, ne pense pas que la pulsion est le fond de l'homme. La pulsion n'est pas présente ni le *refoulé* dès lors

[147] Merleau-Ponty, *Phénoménologie de la perception*, éd. Gallimard, Paris, 1945, coll. « Tel. 1989 », 1re partie, chap. VI, p. 183.

on reste dans le cadre de *l'intersubjectivité.* Certes, il rappelle l'importance de la psychanalyse, mais c'est pour ne pas réduire l'homme au biologique et rappeler que l'homme est avant tout « *être d'intention* ». « *On aurait tort de croire que la psychanalyse exclut la description des motifs psychologiques et s'oppose à la méthode phénoménologique : elle a au contraire (sans le savoir) contribué à la développer en affirmant, selon le mot de Freud, que tout acte humain "a un sens."* »[148]

Merleau-Ponty et la philosophie pensent l'individuation[149]. Ils lient l'individualité à sa relation au social. Chacun est impliqué dans un monde qui est aussi social et qui comme le monde physique est l'horizon de chacun. C'est ce que conteste Henri Ey : nous ne dépendons pas de la réalité sociale même si elle nous contraint. Nous sommes attachés au monde social et aux autres parce que nous avons reçu en même temps que l'existence une manière d'exister, un style et un temps qui donnent une structure à notre manière d'être. Mais l'existence singulière est à l'origine de la vie sociale. La vie sociale n'est pas un donné extérieur, il se produit dans l'interrelation des vies singulières. L'écart entre l'individu et sa forme sociale est ce qu'on appelle la Personne et les Personnes. « *La*

[148] Merleau-Ponty, *Phénoménologie de la perception*, éd. Gallimard, Paris, 1945, coll. « Tel. 1989 », 1re partie, chap. VI, p. 184.

[149] La philosophie dans la théorie du *personnalisme* a rencontré le problème et montré l'oubli qu'elle en avait fait. Malheureusement, le *personnalisme* est une école philosophique qui n'a pas eu l'écho qu'elle aurait dû avoir. Cette école a été fondée par Emmanuel Mounier (1905-1950) qui cherchait à fonder une école humaniste en réaction aux écoles qui prônaient la seule dimension économique comme valeur de la société. Elle est apparue comme un spiritualisme et une philosophie à dimension éthique, ce qu'elle est. C'est cette idée de la *valeur humaine*, qui intéresse Henri Ey et qui lui donne une certaine parenté avec ce mouvement philosophique.

subjectivité transcendantale est une subjectivité révélée, savoir à elle-même et à autrui, et à ce titre elle est une intersubjectivité. Dès que l'existence se rassemble et s'engage dans une conduite, elle tombe sous la perception. Comme toute autre perception, celle-ci affirme plus de choses qu'elle n'en saisit : quand je dis que je vois le cendrier et qu'il est là, je suppose achevé un développement de l'expérience qui irait à l'infini, j'engage tout un univers perceptif. De même, quand je dis que je connais quelqu'un ou que je l'aime, je vise au-delà de ses qualités un fond inépuisable qui peut faire éclater un jour l'image que je me faisais de lui. C'est à ce prix qu'il y a pour nous des choses et des "autres", non par une illusion, mais par un acte violent qui est la perception même. »[150]

Merleau-Ponty peut rendre compte de la subjectivité car il part du *corps* et du *corps propre* mais il ne peut pas rendre compte de la *personne* car pour en rendre compte, ce n'est pas du *corps* qu'il faut partir mais du *refoulé* et de la pulsion. C'est ce qu'introduit Henri Ey dans la notion de *Corps psychique*. La *Personne* est tout autant son corps physique, biologique que sa pulsion, elle est enracinée dans un « ça » mais elle est l'auto-organisation hiérarchique de ces plans par une intention qui est la visée de toute vie psychique singulière selon une organisation hiérarchique et dynamique qui la structure. Ce processus a pour nom le *Corps psychique.* S'il y a bien une parenté avec le *corps propre*, il n'en est pas l'équivalent. Le *corps propre* n'aurait jamais permis de comprendre la maladie psychique ni d'en donner la définition tant contestée de *pathologie de la liberté.* C'est ce qui rend la notion eyienne si intéressante. Le *Corps psychique* arrive comme le point d'orgue de la

---

[150] Merleau-Ponty, *Phénoménologie de la perception*, éd. Gallimard, Paris, 1945, coll. « Tel. 1989 », 1re partie, chap. VI, p. 415.

recherche contemporaine sur l'individuation et donne à la notion de *Personne* toute sa valeur.

Si on pense la vie psychique comme un processus, il n'y a plus de contradiction *in adjecto* de la définition de la maladie comme *pathologie de la liberté.* Tous les devenirs singuliers ne se constituent pas comme des *personnes* car ils ne parviennent pas à produire une forme intelligible et à donner du sens à leurs *vécus.* Il existe des vécus qui ne se finalisent pas et restent englués dans l'impossible synergie de leurs plans. C'est cela la *pathologie de la liberté,* ne pas pouvoir donner un sens intelligible au processus de conscientisation.

La constitution du « Corps psychique »

La constitution de la personne se dévoile dans la constitution du *corps psychique.* Henri Ey en termine définitivement avec l'idée qu'un corps puisse être autrement qu'une expression qualitative de vies singulières. Le *corps psychique* est l'expression toujours dynamique de la recherche d'un sens qui veut s'objectiver et qui ne peut s'objectiver que dans la rencontre avec l'Autre. C'est dans la rencontre des *corps psychiques* que se produit la communauté des personnes. C'est la rencontre et le dévoilement des sujets dans le partage symbolique des existences singulières. Malheureusement, tout ne peut pas accéder au sens (au partage) et surtout, il peut arriver que rien n'accède au sens, l'individu s'enferme alors dans un sens sans jamais pouvoir le partager et devenir une personne, c'est la *pathologie de la liberté.*

La rencontre dynamique et ouverte est d'abord une *ontogenèse.* L'idée d'*ontogenèse* remet en question la forme naturelle de la pensée logique. *L'ontogenèse* signifie qu'il n'existe aucun modèle antérieur à la formation du vécu, celui-ci est une pure invention. Le « *corps psychique* » se constitue selon une loi interne et non selon une hypothétique antériorité dont on ne peut rien dire à moins de retomber dans le cercle vicieux de la métaphysique. S'il existait un modèle du « *corps psychique* », cela signifierait qu'il a été pensé et que sa formation dans le monde, n'est qu'une information de la matière selon un parangon intemporel comme le pensait Aristote dans sa théorie de l'*entéléchie* ou Platon avec son monde des idées. Dans ces modèles, c'est le principe de causalité qui s'impose. La thèse eyienne contredit la forme naturelle de penser en proposant l'idée du « *corps psychique* ». Sa formation est une autoformation. Le « *corps psychique* » est une mise en commensuration des différents plans d'où il émerge. La vie psychique est la recherche permanente d'une commensurabilité des plans hétérogènes qui la constitue. Il n'y a pas de loi, au sens où il existerait une unité de référence, une constante. C'est l'insertion dans un processus temporel qui force à la commensuration des plans. L'homme est dans le *temps*.

La question du temps

À partir du moment où les instances de la vie psychique se mettent en lien temporel, elles n'existent que relativement les unes par rapport aux autres. La vie est un processus temporel. Le temps est la condition de la vie psychique. Vivre, s'approprier le monde, en faire un outil c'est, comme le dit si bien Heidegger, *arraisonner*. Or, cet arraisonnement ne peut se produire qu'en s'extirpant de la présence engluante au monde pour produire une mise en perspective finalisée, hiérarchisée, toujours ouverte car le temps est projet, intention. L'homme est bien présence mais en tant qu'être temporel il est dépassement de la présence.

Il s'ouvre vers un horizon, vers un au-delà de sa présence qui au lieu de mettre tout sur un même plan, finalise et valorise.

Le temps est une idée difficile à concevoir car le temps ne se réduit pas à la représentation qu'on peut s'en faire selon la ligne du passé, du présent et du futur. Bergson a distingué ces deux temps, la *durée* pour le temps pur et le *temps* pour la temporalité linéaire. Cette distinction est pertinente pour comprendre le *corps psychique*. Quand Henri Ey parle du temps comme condition de la vie psychique, il renvoie à l'idée de la *durée*. L'homme est dans la *durée* parce qu'il est *relation* et qu'il est un système ouvert, un *système intégrateur*. L'*intégration* suppose de la *durée*. *Intégrer*, c'est produire une *visée* ou une *finalité*. *Intégrer*, c'est finaliser et non juxtaposer. La mise en relation suppose la *durée*, c'est un processus dynamique qui met en perspective. Le processus temporel est la condition pour que se solidarisent les différents plans de la vie psychique afin de rendre possible l'actualisation de la rencontre.

L'homme est un *système ouvert* et à ce titre, il est toujours en devenir, s'il venait à cesser de devenir, le système se refermerait sur lui-même et chaque plan se reconstituerait *partes extra partes*. L'homme redeviendrait une simple présence, un objet du monde. Or, l'homme n'est jamais une présence, il est toujours dans le processus intégrateur qui fait qu'il est autre que lui-même. S'il venait à être toujours lui-même, il cesserait d'exister. Ey rappelle cette évidence selon laquelle le vivant est avant tout du dynamisme et le dynamisme, c'est la temporalité. Le temps ne peut être ignoré puisqu'il devient la condition de tout le système, de tout le processus qui maintient le système en fonction. À partir de ces remarques on comprend beaucoup mieux pourquoi Ey s'est attaché à étudier les philosophies de l'existence, les seules pensées qui intègrent le temps depuis Hegel et sa dialectique jusqu'à Sartre qui, comme en écho, écrivait que nous ne sommes jamais identiques à nous-même. Par-delà la philosophie, la nouvelle biologie, la théorie des systèmes redisent la même évidence. Vouloir comprendre le vivant ne peut se faire que dans le cadre de la temporalité mais d'une temporalité intentionnelle, active et non pas celle de certains processus qui mettent du temps pour se réaliser mais dont on sait ce qu'ils adviendront et qui ne sont que le simulacre de la temporalité (c'est, pour rappel, le morceau de sucre de Bergson qui met un certain temps pour se dissoudre). C'est en ce sens qu'il faut comprendre que la formation du « *corps psychique* » est une *ontogenèse*, l'auto-organisation d'une visée intentionnelle qu'on appelle le processus de conscientisation.

« *Car, bien sûr, nous abstenant de parler de la vie comme d'un "principe vital" ou d'une "entéléchie", d'un "deus ex machina", prestidigitateur d'un subreptice jeu de mots, nous parlons de la vie comme il convient d'en parler quand on vise l'ordre et le dynamisme d'un organisme vivant, d'un "être finalisé d'emblée" (R. Ruyer), d'un être qui ne devient qu'en se conformant à son plan d'organisation.* »[151]

Le *corps psychique* ne suppose aucun arrière-plan qui l'expliquerait. C'est parce qu'il se constitue dans le temps que des liens entre les différents plans qui le constituent sont possibles et que le temps est certainement la marque même de ce vivant. Ey rappelle que sa loi est interne, nous ne sommes plus dans la théorie du tiers exclu, dès lors chaque vécu invente sa manière de traiter la pulsion.

[151] Henri Ey, *Des idées de Jackson*, éd. L'Harmattan, Paris, 1997, p. 228.

Merleau-Ponty formule les mêmes remarques quand il explique que le comportement est une structure, structure entre deux espaces, le réel et l'idéel. Pour Ey, le « *corps psychique* » est une structure temporelle entre l'espace mental et l'espace pulsionnel. La structure temporelle finalise, elle rend possible la rencontre et ouvre les plans vers le nouveau monde du symbolisme. L'émergence du *corps* n'est possible que par la condition de son organisation temporelle, son émergence, son advenu dans le monde peut se représenter sous la forme d'une *double hélice.* Cette *double hélice* crée une *double boucle de réverbération* qui met en relation au travers de la finalisation le monde intérieur des désirs et le monde extérieur de la nécessité. Il n'existe pas de corps avant le processus ni après le processus. Le corps émerge dans le tourbillon temporel et n'existe qu'autant que se maintient ce tourbillon.

La conscience apparaît dans le processus temporel comme la concrétisation toujours inachevée de rencontres. Le processus temporel ainsi mis en évidence s'appelle le processus de conscience. La notion de *conscience* est moderne, elle apparaît dans la pensée en même temps que la dimension temporelle de l'homme est envisagée comme un paramètre. Il revient à Locke d'avoir identifié qu'il n'y a pas de conscience sans temporalité. Pour Locke, la conscience est directement liée à la faculté de la mémorisation. Les philosophies de l'existence confirmeront cette thèse qui sera réaffirmée par la phénoménologie comme la condition même de l'homme. L'*« être »* est *« temps »*, conclura Heidegger. Il n'est donc pas possible de réduire le *devenir humain* à l'une de ses composantes comme voudraient le faire les idéalistes ou les matérialistes. Réduire l'homme à l'une de ses qualités, la qualité pensante, la qualité mémorante, etc., ou le réduire à sa biologie, c'est l'abstraire. Toutes ces pistes partent de la conscience temporelle, de la conscience constituée et en font une abstraction qui les ramène à n'être que des théories *métaphysiques*. La conscience, c'est le processus intentionnel et temporel qui rend possible le *devenir conscient*, le *devenir conscience,* le *devenir conscience de soi,* qui est sa manifestation mondaine. Il faut distinguer entre le processus qui est la condition de constitution du *corps psychique* et les contenus de ce devenir. Ce que l'on appelle communément la conscience renvoie aux contenus mentaux de la conscience. Cette distinction est le résultat d'une confusion verbale qui est liée à la distinction classique entre la conscience et la conscience de soi. Henri Ey sort du dilemme qui interdisait d'avoir une définition claire de la conscience en distinguant le processus de conscience qui est la conscience effective et ses contenus qui sont les formes éphémères de la conscience et qui sont liés aux vécus, à la *conscience de soi*. La conscience subjective celle des contenus de conscience est une réalité constituée.

« *C'est en ce sens que nous avons défini la conscience, ou plus exactement, l'être ou le devenir conscient, comme la possibilité pour le Sujet de disposer d'un modèle personnel de son monde, et ajouter que la conscience est au temps ce que le corps est à l'espace. C'est effectivement dans l'ordre de la temporalité et de la représentation que se situe cette région de l'être qui est le niveau d'intégration du "corps psychique."* »[152]

---

[152] Henri Ey, *Des idées de Jackson*, éd. L'Harmattan, Paris, 1997, p. 232.

Le corps psychique est l'état symbolique du monde

La théorie eyienne du *corps psychique* ne peut se comprendre qu'à partir d'une théorie des facultés. L'homme est d'abord action puisqu'il est un devenir intentionnel. Le devenir intentionnel s'actualise dans les comportements singuliers. Le comportement est une structure qui donne sens. Il n'est pas simple réaction à des stimuli. Le comportement est un acte qui ouvre le champ des possibles. Il est la *conscience campine*. C'est la mise en convergence des différents plans, du biologique, du cérébral, etc. qui rend possible l'actualisation du *corps psychique.* Le processus de conscientisation est indissociable du *corps psychique.* Le processus de conscientisation consiste à mettre en commensuration les différentes facultés de l'homme : facultés sensibles, intellectuelles, etc. L'actualisation de l'homme dans sa forme mondaine du *corps psychique* suppose une intégration de tous les plans sous les catégories de l'esprit. La clé de voûte du *corps psychique* est l'esprit. Son devenir est lié à *l'incarnation* de l'esprit et à sa mondanisation. C'est pourquoi, agir, c'est organiser le monde pour soi, c'est produire le *corps psychique.* Ey résume cela en écrivant que « *Le cerveau est construit pour permettre au Sujet de créer, par l'incorporation de son langage une législation de sa réalité* »[153]. Construire son monde signifie pour l'homme en produire une représentation mentale sous forme d'un monde symbolique qui se substitue au monde réel. La structure du *corps psychique* exprime cette organisation des fonctions partielles de l'organisme en vue d'une finalité commune des parties. Toutes les fonctions du *corps* sont organisées en vue de produire le *corps psychique,* corps

[153] Henri Ey, *Des idées de Jackson*, éd. L'Harmattan, Paris, 1997, p. 230.

sublimé par sa mutation en corps symbolique. Le fait de devenir un *corps symbolique* permet la reconnaissance mutuelle, le partage ce que le corps physique ne permet pas. Dans le monde les corps/objets sont *partes extra partes,* ils coexistent et ne se rencontrent jamais. La rencontre des corps ne peut se faire que sur un plan symbolique, dans la rencontre des *subjectivités.* Ce sont les subjectivités qui se rencontrent et non les *corps.* Le *corps psychique* est une organisation finalisée, c'est-à-dire qui solidarise ses parties pour les faire converger en un comportement intelligible. La convergence intentionnelle des sous-systèmes du système du *vécu singulier* fait apparaître l'existence d'un Sujet de ce corps sans quoi aucune finalisation ne serait possible. Henri Ey résume ainsi ce processus producteur de sens : « *Comme tout "organisme", il comporte un ordre de composition de ses parties et de leur subordination à la totalité.* »[154] Le *Sujet* est la condition du processus. La finalité est de donner de la qualité à la matière en produisant un monde humain, cela ne peut se faire que s'il existe un *Sujet intentionnel.* Le *corps psychique* est un système pour lui-même. Il possède la loi de sa propre constitution. En cela, Ey reprend aussi la thèse kantienne qui affirmait que le « "*je*" doit accompagner toutes les représentations ». Le « *je* » est transcendant, car il est la condition du système, la condition de la production de sa liberté. La liberté du devenir humain se manifeste dans sa capacité à produire des représentations, un écart vis-à-vis du monde. La représentation est une activité de synthèse et de différenciation qui permet de constituer un monde dans un monde. C'est pourquoi elle est l'activité essentielle de toute l'organisation du *corps psychique.* Elle est le *corps psychique.* Ce corps ne peut se constituer qu'au travers de la médiation de la représentation. La représentation permet,

---

[154] Henri Ey, *Des idées de Jackson*, éd. L'Harmattan, Paris, 1997, p. 231.

du fait qu'elle sublime les objets en mots, un transfert et une mise en relation qui autrement serait impossible. « *Cet ordre d'organisation n'est possible que par les caractéristiques des fonctionnelles du cerveau. Car, en effet, c'est par l'activité même du cerveau, garantie par sa structure et sa self-organisation, que cette possibilité s'exerce. Dans le lieu virtuel et symbolique de la représentation d'abord.* »[155] Henri Ey n'ignore pas, et même rappelle que l'organisation de la vie psychique est avant tout liée à la solidarisation du cérébral, du physique et du biologique. Ces plans sont finalisés, ils sont mis en perspectives en vue de produire un état particulier du monde, l'*état symbolique*, lieu de l'humain. C'est en ce sens qu'il en finit avec toute la pensée métaphysique. La conscientisation du monde est ouverte, sans fin, imprévisible dans la mesure où elle est son propre modèle. La structure finalisée ne dit pas ce que sera sa fin, elle organise la possibilité d'un sens sans jamais en donner le contenu. C'est pourquoi Ey parle d'un *devenir conscient.* L'expression de ce *devenir* est complexe, elle se dit selon différentes formes : une forme explicite et partageable et une forme implicite et non partageable. Le devenir se dit selon l'objectif et le subjectif ; selon la fracture entre le dicible et l'indicible, entre l'objectif et le subjectif. C'est cette dialectique qui est la condition de production de la *réalité*. La *réalité consciente* étant ce qui peut se partager et la *réalité inconsciente* ce qui ne peut pas se partager. Entre ces deux *réalités* se tient la *Personne* comme Janus à l'entrée de la maison qui peut tout autant s'exprimer sur la modalité du *on*, ce qui est intelligible et partageable, que sur la modalité du *je*, de l'intime, de ce qui ne peut pas se partager. Exister, au sens d'une *Personne* c'est reconnaître

[155] Henri Ey, *Des idées de Jackson*, éd. L'Harmattan, Paris, 1997, p. 231, 232.

un écart entre moi, autrui et le monde, un écart entre le dicible et l'indicible.

La nouvelle place de l'inconscient

L'inconscient est au cœur du processus de la constitution du *corps psychique.* Sans lui, le *devenir* n'aurait pas de sens. Qu'est-ce qui doit advenir si ce n'est ce qui n'a pas pu être informé selon les modalités de la symbolisation ? Que serait la subjectivité si elle n'était pas l'intime, ce qui ne parvient pas à se formuler sur le mode symbolique commun ? L'apport indéniable d'Ey est d'avoir introduit dans l'analyse de la constitution du *monde-pour-l'homme*, l'inconscient sous ses deux formes. L'inconscient, c'est la pulsion que l'intention pure informe et c'est ce qui ne peut pas être informé, le *refoulé*, mais dont le devenir est de parvenir à être intelligible et partagé. Bref, sans l'*inconscient refoulé,* la notion de *Personne* ne se comprend pas.

La *Personne* n'advient que dans la reconnaissance que les autres font des individualités propres. La *Personne* dans la doctrine eyienne n'occupe pas la même place que dans la doctrine philosophique du *personnalisme.* Si ces deux doctrines sont proches, elles n'appréhendent pas de la même manière la notion de personne. Il n'est pas possible de lier la théorie eyienne au personnalisme philosophique. Les présupposés ne sont pas les mêmes. Dans la théorie philosophique, le présupposé est éthique. La *Personne* dans la doctrine eyienne renvoie à l'intime du *refoulé.* Le *refoulé*, c'est le traitement singulier de la pulsion, traitement selon chaque vécu. Le traitement singulier du vécu ne peut pas forcément accéder à une représentation acceptable par les autres singularités. Toutes les représentations ne peuvent pas se partager, elles n'ont pas la possibilité de se dire de manière commune, d'avoir un sens partageable car elles sont trop singulières. Ce qui est reconnu dans la *Personne,* ce n'est pas ce qui se partage, puisque cela devient un bien commun, mais ce qui ne se partage pas. Reconnaître une *Personne,* c'est reconnaître un vécu singulier qui reste absolument étranger aux autres singularités. C'est la reconnaissance qu'il existe des trajectoires singulières qui permettent d'ouvrir le devenir commun. L'intérêt de la doctrine eyienne est d'avoir lié le *devenir collectif* au partage des *devenirs singuliers.* Cela n'était possible qu'en donnant une place particulière au *refoulé.* Le *refoulé,* c'est l'inachevé, c'est l'ouverture vers de nouveaux possibles de sens. Le *devenir humain* apparaît alors comme porteur d'un sens, celui du partage des singularités.

Le *refoulé* est le socle sur lequel travaillent les facultés de l'homme. Les facultés universalisent les trajectoires singulières selon une organisation mentale commune et produisent la communauté des individualités. Elles sont les outils par lesquels l'humain se donne forme. L'humain, comme réalité et non comme idée, se constitue dans la relation à autrui grâce au langage, au monde symbolique qui est son monde. C'est dans l'acquisition du langage qu'il produit un espace commun, un cadre commun, l'espace partagé, l'espace du « *on* ». Le *refoulé* est asocial, il ne se partage pas n'accédant pas à son expression en langage. L'objet du désir singulier, exprimé dans la forme socialement reconnue, est le médiateur des subjectivités. La constitution de l'objet du désir est conflictuelle : chercher un sens commun c'est aussi renoncer à soi pour se faire reconnaître. Exister c'est en partie renoncer à sa singularité. Ce à quoi l'on renonce, constitue le *refoulé.* Le *refoulé* est constituant du *Sujet*, du sens singulier. La condition de la *Personne,* ou du *Sujet* est le *refoulé.* C'est lui qui dessine la ligne de fracture entre le singulier et la communauté et c'est parce que certains objets de désir résistent à devenir des objets collectifs que le devenir reste ouvert. Le devenir correspond à la quête d'intégration des objets de désirs refoulés. Grâce au système du refoulement, le système humain est toujours ouverture, il doit imaginer les possibles qui pourraient actualiser ces refoulés, il doit les combiner pour faire advenir le *refoulé* comme objet commun porteur d'un sens pour tous. Seuls les objets symboliques ont la capacité à s'offrir à des sens multiples, ils ne sont jamais univoques. Le sujet est à l'entrecroisement du *refoulé,* d'*autrui* et de *l'objet symbolique.* La *réalité.* C'est la représentation collective des objets de désirs. Grâce à l'inconscient, la *Personne* apparaît. On peut penser à l'article de Marcel Mauss[156] dans lequel il rappelait que la notion de *Personne* devait se penser comme un personnage de théâtre. La *Personne* est le sujet qui parle au travers de..., derrière un masque qui ne peùt pas se dévoiler totalement. Le Sujet est la Personne qui se dit sans se dire totalement qui est ce qu'elle donne à entendre et à agir mais qui est autre que cette parole dite et cet acte agi. La personne est le lieu du conflit entre le collectif et le singulier.

Le processus de personnalisation est le processus qui permet de mettre en synergie et permet l'intégration des singularités. Sans la notion de *refoulé* il était impossible de penser le processus de personnalisation.

---

[156] Marcel Mauss, *Sociologie et anthropologie*, éd. PUF, Paris, 1968.

Le personnalisme eyien

Il n'y a ni homme ni individu, il n'y a que des singularités se constituant en relations entrecroisées qui apparaissent sous la forme provisoire de collectivités et de singularités. Le collectif et le particulier n'ont aucune antériorité l'un sur l'autre, ils ne sont liés par aucune causalité, ils s'auto-constituent mutuellement dans un devenir sans fin. Les singularités se solidarisent en produisant un monde commun et se distinguent en produisant un écart par rapport à ce monde commun. Par-là, Henri Ey en termine avec la question de la primauté ou non du collectif sur le singulier. Entre les notions d'homme, d'individu ou de personne il n'y a aucune antériorité si ce n'est logique, elles sont au même titre des moments figés du devenir humain. De ce fait, Henri Ey en insistant sur le devenir solidarise véritablement les singularités et donne à l'idée de *personne* une force qu'elle n'a jamais eue. La personne n'existe qu'en relation à d'autres singularités qui se reconnaissent mutuellement dans leur écart. Le processus de conscientisation n'est pas seulement le processus qui permet la reconnaissance de soi par soi mais aussi et en même temps la reconnaissance des autres singularités. L'individuation et la solidarisation vont de pair.

Henri Ey en termine avec la pensée discriminante qui oppose le collectif et le particulier, qui distingue la société des individualités et qui cherche à en comprendre les liens en faisant usage du principe de causalité. Faire usage du principe de causalité dans les sciences de l'homme amène à produire des successions purement abstraites, arbitraires et plaquer les relations logiques sur la vie des singularités. La société est constituée de singularités qui convergent ou se séparent selon des processus dynamiques et relationnels et en fonction de la possibilité de former ou non un sens partagé. Ey n'affirme aucune préséance, mais des relations immédiates et spontanées. Ce faisant, Henri Ey ouvre de manière dynamique la notion de communauté humaine. Il en fait un processus collectif qui s'élabore à chaque instant pour faire advenir un sens, une humanité. Notre penchant naturel est de penser l'unité comme une totalité homogène, ce qu'elle n'est pas. Il en est de même du monde humain, il est troué d'infinis vécus inintelligibles qui finissent par se rencontrer dans le monde symbolique du langage. L'humain n'existe pas, il n'est pas une entité absolue, il est à la rencontre des sens singuliers, c'est cela la *réalité humaine*. La *réalité* est le fait de l'ontogenèse de l'homme qui s'élabore selon deux axes, l'axe centrifuge d'un sens singulier et l'axe centripète d'un sens collectif. La *réalité humaine* introduit le sens dans le monde et par conséquent la qualité dont le monde est dépourvu. Le monde humain introduit de la valeur, c'est-à-dire de la hiérarchie, de la finalité et rompt définitivement avec le monde physique de l'horizontalité et du déterminisme. Ce monde est à l'entrecroisement des perspectives singulières, toujours nouvelles, toujours revisitées. Ainsi, les singularités se renvoient l'une à l'autre dans un processus de reconnaissance mutuelle et de participation mutuelle. Les singularités deviennent des personnes, d'absolues altérités, par leur impossible insertion dans le monde commun du sens. La Personne se constitue en se distinguant comme porteuse d'un sens singulier qui ouvre la communauté vers de nouveau sens dont elle aura à s'emparer. C'est l'impossible rencontre des subjectivités qui constitue la personne. La *Personne* ouvre le sens commun en lui apportant la richesse de son sens, de sa perspective.

Ce processus, qui constitue la personne, passe par le langage. Le langage organise un monde symbolique commun qui unit les singularités et permet l'échange, condition de l'ouverture du système et condition de la reconnaissance d'autrui. Le langage est ouverture, condition de l'humanisation. En effet, ce qui caractérise l'humain, c'est l'échange, le système ouvert qui autorise les rencontres. Il n'est pas possible que deux corps physiques puissent échanger. Ils ne peuvent entretenir que des relations externes que la mathématique a explorées. Le langage permet l'échange mais il permet aussi la reconnaissance mutuelle en assignant une place symbolique à chacun, c'est la fonction, par exemple, des pronoms personnels. L'échange symbolique est impersonnel, c'est le sens commun ; le lieu de la parole est, au contraire, singulier. La parole existe, elle signifie l'existence singulière, elle ouvre le langage en l'incarnant dans le devenir humain. Elle est la limite du langage, le moment où le sens n'est pas encore intelligible, un sens à venir. Elle empêche le système symbolique humain de se refermer sur lui-même, elle le maintient ouvert vers d'autres sens possibles. La parole est le signe de la *Personne.*

« *Ainsi, apparaît que l'organisation du "corps psychique" implique la subordination de l'Inconscient au Conscient. Non pas, certes, que le Conscient soit comme une instance pontificale planante et régnante au-dessus de l'Inconscient, mais parce qu'au terme de l'incessante dialectique de leur action réciproque, c'est lui qui assigne à l'existence son sens. Les boucles de réverbération qui lient les structures "automatiques" ou "inconscientes" enracinées dans les besoins du corps (des "*inferiora*") aux structures "volontaires" ou "conscientes" ouvertes sur le monde (les "*superiora*"), ne sont ni une entrave qui ferait de l'homme l'esclave de son inconscient, ni une laisse qui en ferait le maître. Si le "corps psychique" est organisé pour intégrer l'Inconscient dans le Conscient, ce n'est pas pour que les rapports des parties à la totalité soient fixes ou exclusifs les uns des autres (le multiple et l'un, ou inversement), c'est pour entretenir toujours le conflit entre ce qui, dans l'être, est contenu (retenu et réprimé à* *l'intérieur de lui-même) et ce qui le contient dans et par sa forme. Autrement dit les rapports des "inferiora" et des "superiora" sont constamment problématiques. Et c'est cette problématique qui fonde toute l'existence humaine, ni entièrement soumise et conditionnée ni absolument libre non plus, mais toujours ouverte à ses propres possibilités et perplexités.* »[157]

C'est la dialectique entre la langue symbolique commune et la parole singulière qui s'exprime dans le combat entre le Conscient et l'Inconscient. C'est la condition de toute *personnalisation.* La personne est à la fois la singularité qui parle la langue symbolique commune et qui en même temps la désorganise, la restructure pour ouvrir son sens sans jamais être garantie que ce nouveau sens puisse se partager. Cette parole échappe à la langue commune sans en être totalement distincte sans quoi elle ne parviendrait jamais à devenir la langue commune. La parole est l'expression du Sujet. Le sujet se réfère pour *produire* du sens à son vécu singulier mais qui ne deviendra le vécu singulier de la personne qu'à partir du moment où il pourra être reconnu comme tel. C'est dans la rencontre de ces deux plans hétérogènes que la personne se constitue. La symbolique commune est la transcendance, la référence vers laquelle toute singularité doit tendre pour être reconnue mais la trajectoire singulière ne coïncide pas forcément avec cette structure transcendante du collectif. C'est pourquoi cette interaction est la dialectique de la vie même et c'est bien dans cette dialectique que la Personne émerge.

On a reproché à Ey de n'avoir pas mis en place une véritable théorie des facultés. Nous venons de montrer qu'il n'en est rien. Si le processus de personnalisation est

---

[157] Henri Ey, *Des idées de Jackson*, éd. L'Harmattan, Paris, 1997, p. 235.

possible, c'est parce qu'un certain nombre de facultés s'organisent et se lient ensemble. Il revient, une fois de plus, à Descartes, d'avoir introduit une véritable théorie des facultés. Descartes rappelle le permanent conflit des facultés sensibles et des facultés intellectuelles pour produire un monde de qualité propre à l'homme. C'est dans cette lignée qu'Ey nous propose la *théorie de la personnalisation.* En effet, il n'y aurait pas de dialectique entre le « *Je* » et le « *On* » si les facultés humaines n'intervenaient pas. Les facultés humaines ne peuvent fonctionner que dans l'expression symbolique. C'est bien le langage qui est la *chair* commune de toutes les facultés, le tiers exclu de ces dernières. Il existe deux plans : une communauté sensible qui renvoie, comme l'a si bien exprimé Merleau-Ponty, à la *chair du monde* et une communauté symbolique qui est la *chair* spirituelle commune. C'est en ce sens qu'Ey trouve sa place dans l'espace philosophique car il met en évidence la double *chair* qui permet l'échange et la constitution de la personne. C'est en ce sens que le langage est bien le milieu de l'homme car c'est dans et par le langage que se constitue l'humanité. La double *chair* renvoie à la double constitution de l'homme : son appropriation du monde et son appropriation de la pulsion.

« *On peut prendre le problème de la signification et de la communication dans tous les sens, il revient toujours à saisir le discours comme une construction algébrique de signes détachés de la signification pour composer un texte significatif, pour produire, comme disait Humboldt, son propre propos. [...] Si c'est bien ainsi que se pose le problème du langage, nul doute qu'il ne puisse se résoudre qu'en le réintégrant comme production de discours et événement (P. Ricœur), dans une hiérarchie de moments ou de structures qui le composent chez le sujet et par le Sujet en tant qu'il constitue le milieu spécifique où s'articulent l'Ics et le Cs, où se construit l'être psychique.* »[158]

Ce qui est intéressant dans l'analyse eyienne, c'est la mise en lumière de ce que les structuralistes ont volontairement caché. Il n'y a pas de langage sans parole, c'est-à-dire sans Sujet et qu'il ne faut pas confondre le *Sujet* et la *Personne*. Il y a un sujet de la parole et la parole constitue la personne. C'est dans l'acte de la parole que la personne apparaît comme le texte du sujet et sa détermination dans un *ici et maintenant* qui donne au sujet sa réalité particulière. La parole est à l'entrecroisement de la langue commune et de la pulsion. La personne permet, donne au refoulé une nouvelle chance de se dire dans la langue commune. C'est la *Personne* qui est l'intermédiaire entre le dicible et l'indicible, elle se constitue en se constituant comme ses deux plans. Il est possible de mettre en lien avec Heidegger, l'une des références explicites d'Ey, cette dimension du langage : « *[...] Il suffit d'arriver à une juste notion de la langue ? Selon l'idée courante, la langue est une sorte de moyen de communication. Elle sert à converser et à se concerter ; de façon générale à s'expliquer et à se comprendre. Mais la langue n'est pas que – et surtout pas premièrement – l'expression orale et écrite de ce qui doit être communiqué. Elle est plus que la simple mise en circulation de ce qui est déjà manifeste ou caché, signifié comme tel en mots et en phrases : car c'est bien elle, la langue, qui fait advenir l'étant en tant qu'étant à l'ouvert. Là où aucune langue ne se déploie, comme dans l'être de la pierre, de la plante ou de l'animal, là, il n'y a pas d'ouverture de l'étant et, par conséquent, pas*

[158] Henri Ey, *La Conscience*, éd. CREHEY, Perpignan 2014, ISBN 978-2-9527859-4-5, p. 381.

d'ouverture du Non-étant et du vide. »[159] La référence au langage confirme aussi la thèse de la théorie des systèmes : ce qui permet l'ouverture de l'étant à lui-même, c'est le langage car le langage dévoile l'être à lui-même en le faisant advenir au monde non pas sur le mode d'un simple objet mais d'un objet mental, d'une valeur, qui dit et se donne à dire. En écho citons cet extrait de *la conscience* : « *Mais, et ce, mais est capital, le langage comporte des niveaux d'organisation qui précisément, en allant comme disaient les auteurs classiques (Hughling Jackson en particulier) du plus ou moins "automatique", ne représentent rien d'autre que l'articulation même de l'être conscient et de l'inconscient. Et c'est sur ce point fondamental, celui du "devenir conscient" dans et par les fonctions du langage que nous devons – fût-ce sommairement – envisager ici au terme de cet exposé de l'organisation de l'être psychique, c'est-à-dire des structures réverbérantes par lesquelles le sujet conscient tient au sujet inconscient ce discours existentiel par lequel il l'institue. Le langage, en tant que milieu symbolique de toutes relations du Sujet, se tient effectivement dans son milieu comme suspendu, ainsi que le rappelle Benvéniste, entre une infralinguistique intentionnelle et pulsionnelle qu'il exprime et un système supralinguistique logico-éthique dont il promulgue la loi. Nous reconnaissons par là, dans cette bilatéralité, la possibilité même et des conflits et de la convergence entre la négativité de la conscience et la positivité de l'inconscient qui s'entrelacent en proportions inverses pour décrire les mouvements mêmes par lesquels l'être psychique devient conscient et inconscient.* »[160]

---

[159] Martin Heidegger, « L'origine de l'œuvre d'art » in *Chemins qui ne mènent nulle part*, trad. W. Brokmeier, éd. Gallimard, Paris, 1962, p. 82-84.

[160] Henri Ey, *La Conscience*, éd. CREHEY, Perpignan 2014, ISBN 978-2-9527859-4-5, p. 383.

Le langage ne peut se comprendre que dans le cadre des rapports entre le conscient et l'inconscient, il est le médiateur, le lieu où advient l'être au monde en lui conférant sa vivante dynamique d'*étant*, d'être toujours en devenir et jamais égal à lui-même dans la mesure où l'*étant* est celui qui doit trouver sa place entre une Négativité et une Positivité toujours incommensurable.

Ey est bien le penseur de la *Personne*. Il fallait être psychiatre pour pouvoir établir la distinction entre l'individuation et la personnalisation[161]. Au moyen de la langue, la qualité se constitue et le monde humain se différencie des autres systèmes en devenant un système de valeurs. La parole est l'*étant* devenant et se constituant en devenant ce qu'il dit et ce qui lui est indicible et présent, dans cette vivante dialectique entre la positivité de l'inconscient, la présence absolue et la négativité de la conscience, la loi que l'*étant* ordonne à l'inconscient pour pouvoir se constituer comme un vivant ouvert.

La métathéorie eyienne

De fait, ceux qui ont étudié l'œuvre d'Ey ont tous insisté sur son originalité et son apport pour la connaissance de l'homme en devenir, sur ses précisions conceptuelles mais ont, semble-t-il, omis le cœur de son positionnement : il ne peut pas y avoir de renouvellement de la représentation de l'homme sans changer nos habitudes mentales et nos formulations langagières.

Parler et écrire sur son œuvre ne peuvent se faire qu'en changeant nos formulations et nos structures syntaxiques.

[161] Le psychiatre est celui qui écoute les vécus singuliers et tente de comprendre pourquoi ils sont inintelligibles. Il est celui qui accompagne la Personne à dire ce vécu qu'elle a tant de difficultés à exprimer, à faire reconnaître.

Toute étude qui ne prendrait pas en considération cette perspective prendrait le risque du faux-sens explicatif. Que serait la valeur critique du langage dans son œuvre si on ne changeait pas ce même langage ? C'est toute l'originalité de cette œuvre. Pour l'expliquer, il faut employer son langage. C'est certainement une des raisons de la difficile pénétration de cette œuvre dans le public ; le nouveau cadre conceptuel n'est pas pris en compte et nous employons les mêmes concepts réificateurs qu'auparavant. Cet aspect important du travail eyien n'a pas été vraiment mis en œuvre comme si cette dimension de l'œuvre effrayait tant elle porte en elle le renoncement à nos habitudes naturelles mentales.

Pour le clinicien qu'était Henri Ey, la dénonciation de la métaphysique était essentielle : que serait une thérapeutique sans être aussi une éthique ? Une clinique sans critique des préjugés ? Bref, ce qu'Ey cherche dans toute son œuvre ce n'est pas seulement comprendre mais trouver un accompagnement qui soit au plus près des processus qui font émerger la Personne. Il faut aussi en terminer avec l'effet(ok) balancier, qui durant une période privilégie le monisme et durant la période suivante l'idéalisme et ainsi de suite[162]. Cette tendance pendulaire montre, à l'évidence, l'absence de constitution d'un véritable objet conceptuel qui ne réifierait pas la réalité humaine[163]. C'est pourquoi, il a fallu faire table rase du passé théorique et constituer un outil conceptuel adapté à son objet, l'humain en devenir et revenir au concret et pour cela aller à l'origine.

« Pouvons-nous cependant nous contenter soit de cette psychologie fonctionnelle qui découpe la vie psychique en

---

[162] Introduction à *histoire de la médecine*, ouvrage inachevé.

[163] La notion de « mouvement pendulaire » est précisée dans son écrit sur l'histoire de la médecine.

morceaux et la conscience en mécanismes partiels de mémoire, de perceptions, en schèmes intellectuels ou verbaux, etc., comme si la conscience n'était qu'une collection de phénomènes hétérogènes – soit d'une phénoménologie de l'esprit qui décrit dans sa généralité non seulement le flux intentionnel, les présentations, les développements et les complications des "vécus", mais aussi toutes les manières-d'être-au-monde, les conjugaisons du moi et du toi, les entrelacs et ricochets du Moi et d'autrui, la problématique historique et éthique de l'homme, comme si la conscience était absorbée par la généralité du "dasein", de la Raison et de la praxis de l'homme [...] Sommes-nous vraiment contraints à un idéalisme qui ne saurait prendre pour objet d'une véritable phénoménologie que les essences ou les significations comme si nous étions de purs esprits ? Sommes-nous vraiment condamnés à un réalisme qui prétend ne s'occuper que d'une mosaïque de fonctions indépendantes ou dépendantes seulement de l'expérience inscrite dans le cerveau qui les « associe » ? (...) ou si l'on veut en leur substituant un autre, que nous pouvons aborder le problème de la définition de la conscience en partant des modalités de l'être conscient que nous venons de décrire en tant qu'elle nous offre tout à la fois l'unité et l'hétérogénéité des phénomènes de conscience. Nous devons donc rechercher une définition générale de l'être conscient et une définition particulière des structures fondamentale qui le composent. »[164]

Il s'agit de donner une explication au phénomène humain mais cette explication demeure impossible tant que les présupposés qui neutralisent l'approche conceptuelle ne sont pas repensés. La science psychiatrique et donc la

[164] Henri Ey, *La conscience*, éd. Desclée de Brouwer, Paris, 1983, p. 33-34.

science de l'homme, ne peut pas s'appuyer sur l'organisation épistémologique des sciences physiques ou même des autres sciences du vivant pour une raison tellement évidente qu'on finit par ne plus la voir. L'homme possède une conscience et en conséquence une intention. L'agir humain n'est pas explicable par le principe de causalité car la vie de l'homme n'est pas l'enchaînement causal de tous ses instants. Le vécu humain est un projet qui se constitue en se constituant. Certes, l'homme se détermine lui-même par ses choix mais il est à l'origine de son déterminisme, c'est lui qui oriente sa vie selon des choix qui sont libres. Le déterminisme humain est un déterminisme libre, il n'est pas le résultat d'un enchaînement causal. C'est pourquoi il faut inventer une formalisation qui soit en adéquation avec ce que l'on étudie. Le langage, permet-il de construire un tel objet ? La notion même d'objet est problématique et réductrice. La conscience, l'homme en devenir ne peut se dire que sur le mode de la métaphore, celle d'un *champ*. Le *champ* est le lieu d'une actualité dans laquelle se structurent des relations éphémères, toujours différentes et jamais recommencées et pourtant se structurant selon des modèles dont on peut énoncer l'intention. La structure de ce champ est comme le réceptacle des relations qui se nouent mais n'organise que le cadre sans jamais pouvoir le figer. Le champ est le moment de la présentification du processus de conscience et c'est pourquoi il peut nous apparaître dans une présence évanescente qui n'est que l'ombre de la conscience, l'ombre projetée dans un *ici et maintenant*, dans une actualité qui ne dévoile qu'une figure de cette conscience, dans un possible à peine dicible qui se donne à voir et à entendre comme un éclair de conscience en devenir. Le langage est bien dans l'incapacité de donner forme à cette actualité toujours en mouvement et qui n'a pas de réels contours car toutes divisions de cette actualité en un temps figé, par un commencement et une fin, abstrait cette actualité pour en faire un objet intemporel qu'elle n'est pas et ne peut pas être. C'est pourquoi seule la métaphore peut dire quelque chose de ce processus temporel qui se donne à voir et percevoir dans la fulgurance d'une présentification aléatoire dont on ne peut tirer aucune constante. L'actualité n'apparaît que pour mettre en évidence la possible rencontre des plans de l'être en une actualisation qui lui donne vie sous la forme d'une présence diaphane comme un voile qui laisse entrevoir les formes d'une réalité toujours cachée à soi et aux autres. C'est pourquoi les mots ne peuvent que dévoyer cette présence en lui donnant une consistance et en la solidifiant dans un temps qui perd son devenir, en s'organisant sur la ligne mathématique du passé et du futur. Dans la présence éphémère de la conscience se structurant provisoirement en un champ de connexions, rien d'un passé ou d'un futur probable ne peut se dire si ce n'est cette actualité qui veut bien se laisser condenser en quelques mots arrachés à la durée. Nous ne dirons jamais assez l'importance de Bergson pour la pensée eyienne. Bergson dénonçait l'incompréhension de la durée et sa réduction en un temps physique qui fait du temps un simple paramètre sans importance comme si le temps véritable, la durée, n'était pas partie prenante de la vie elle-même. Quand il s'agit du temps de la vie, de la durée, le temps devient irréversible car il entre comme un paramètre essentiel du processus vital. La vie n'est pas une réaction mais un agir, c'est pourquoi elle ne peut pas se dire dans les catégories de la causalité, elle ne sera jamais un effet d'une cause. C'est dans cet esprit que nous devons lire la préface à l'édition anglaise de son ouvrage sur la conscience, de décembre 1976 : « *Je me félicite que la traduction du titre de cet ouvrage en restitue plutôt l'esprit que la lettre. Je n'ai pas écrit en effet un livre sur la "Conscience", substantif qui trahit plutôt qu'il n'exprime le mouvement du devenir conscient. Ce que j'ai voulu exposer, ce sont les configurations de l'ordre qu'introduit dans la vie psychique le sujet disposant d'un modèle personnel de son monde. Il ne s'agit pas pour moi de définir la conscience comme un objet ou une machine. Ni comme une fonction car cela équivaut à la nier. L'être et le devenir conscient constituent la forme, la légalité de l'expérience vécue et de l'expérience possible.* »[165]

De fait, parler de la conscience, c'est parler du cadre qui rend possible l'expérience d'un devenir dans un contexte. L'objet du savoir psychiatrique n'est pas la conscience elle-même, mais la constitution du cadre possible dans lequel le devenir conscient se donne consistance et apparaît sous la forme d'un objet de perception possible qui n'est que le signe d'une transcendance dont on ne peut rien dire tant tout propos serait une réduction. La notion de conscience ne signifie en rien le devenir conscient, mais une forme possible de ce devenir qui est l'indice d'une présence ou intention comme le rappelaient si bien les phénoménologues.

L'apport de la doctrine eyienne pour la science de l'homme est épistémologique. Une théorie ne se réduit pas à des idées, les idées sont insérées dans un cadre structurant. Sans une réflexion sur la commensuration du cadre structurel mental et de l'objet à étudier, on ne peut pas comprendre comment se produisent les impasses doctrinales. Le processus de conscience n'échappe pas à la critique. Appliqué à la conscience ce principe permet de mieux comprendre la place de la conscience dans le vécu de chacun. La conscience n'est pas une simple idée, elle est un *devenir.* Tout devenir est orienté en vue d'une certaine

[165] Henri Ey, *La Conscience*, éd. Desclée de Brouwer, Paris, 1983, p. XIX.

fin, il n'existe pas d'organisation structurante sans une fin précise. La fin du processus de conscience, c'est donner sens au vécu en le rendant intelligible. Dès lors, l'idée de conscience prend une tout autre figure. Elle est un devenir en vue de produire du sens et tout devenir qui ne parvient pas à produire du sens est une impasse. De plus, si la conscience est un devenir, c'est que le sens est toujours à inventer, ce qui est valable pour le problème de la conscience est tout autant valable pour toutes les idées sur l'homme. Le langage n'est pas adapté à la réalité. Henri Ey préconise d'étudier le socle des vécus de l'homme pour adapter l'outil conceptuel et le rendre utilisable sans prendre le risque de parler d'un homme abstrait dont la seule existence est mentale. C'est pourquoi le langage devrait lui-même s'adapter à cette nouvelle connaissance et se mouler dans la forme du devenir. Toutefois, un langage qui n'exprimerait que le mouvant ne serait pas davantage adapté à la connaissance de l'homme. Pour reprendre l'exemple du *devenir conscient*, celui-ci se dit sur deux plans : le plan de la structuration du cadre du *devenir* et la structuration du *devenir singulier.* La loi qui préside à l'organisation structurante de la vie singulière peut toujours se dire sur fond d'un langage abstrayant, mais quand il s'agit de parler des vécus singuliers ce même langage ne peut plus être adapté. En effet, le vécu est mouvant à l'intérieur d'une structure qui encadre et se forme en même temps que le vécu s'incarne. C'est en prenant en considération ces remarques qu'il est possible d'en terminer avec un discours métaphysique sur la conscience. La conscience est la forme d'une durée qui se condense en temporalité mais qui ne peut se figer dans cette temporalité sans risquer de se dissoudre comme devenir conscient. Le processus de condensation en une temporalité est ce qu'Henri Ey appelle la *pathologie de la liberté.* Cette notion a souvent été mal interprétée car elle ne peut se comprendre que dans le cadre d'un processus qui se fige. La maladie mentale est d'ailleurs la forme visible de cette condensation.

« *Nous avons osé écrire ce livre parce que nous nous sommes sentis assez fort du savoir de la Psychiatrie. La Psychiatrie est, nous ne cessons de le dire, la "pathologie de la liberté". S'il n'y a pas de liberté humaine, il n'y a pas de folie, la folie consistant dans l'abrogation de cette liberté. Et s'il y a dans l'homme une possibilité de devenir fou (ou de rêver), ce ne peut être que parce que l'organisation même de son être tout à la fois implique et domine cette folie.* »[166]

L'homme est un devenir qui en s'actualisant prend le risque de s'enfermer et ne plus produire de sens. S'il demeure enfermé dans son actualisation, il s'englue dans la matière de son être et ne peut accéder à sa liberté. L'homme est un devenir qui s'actualise et c'est dans cette dialectique et seulement dans cette dialectique qu'on peut constituer l'objet *homme*. Penser l'homme c'est le penser comme une forme actuelle qui n'est que la trace d'un projet toujours en devenir.

Henri Ey propose de repenser le cadre langagier de la science de l'homme. Ainsi, propose-t-il des substitutions : la *conscience* devient le *devenir conscient, l'inconscient* devient le *devenir inconscient,* le *vécu* devient le *champ de conscience,* etc. La science de l'homme doit faire sa *révolution copernicienne.* Elle doit, pour se constituer comme une science, introduire le temps dans toute la sphère humaine et dire l'homme selon le changement. Ce que la relativité a fait pour la physique, *l'organo-dynamisme* le fait

[166] Henri Ey, *La Conscience*, éd. Desclée de Brouwer, Paris, 1983, p. 401.

pour la science de l'homme. Henri Ey nous a suggéré quelques exemples, ce sont ses successeurs qui ont à prendre en charge le nouveau lexique.

Henri Ey et Lulle

La remise en cause des cadres mentaux dans les sciences contemporaines place Henri Ey dans la droite lignée d'épistémologues comme G. Bachelard ou K. Popper. En même temps, il reprend le vieux débat qui a agité toute la philosophie médiévale : le problème des *universaux*. De fait, c'est ce qui, en creux de son œuvre, transparaît. Le problème des *universaux* est le problème du langage et le problème de l'œuvre d'Ey est aussi celui du langage sous sa forme médiévale originelle. Le langage, les noms communs (universaux) peuvent-ils dire ce qui est ? Un débat qui mérite d'être intégré dans la recherche contemporaine et remis en perspective au regard de la nouvelle épistémologie. Le problème des *universaux* reste actuel car il interroge le langage et sa capacité à pouvoir dire le monde. Dans son discours de réception en qualité de Docteur honoris causa de l'Université de Barcelone, le 31 mai 1972, il se place dans la filiation de Raymond Lulle, penseur, poète et philosophe catalan[167]. S'il se place sous le patronage de ce philosophe méconnu, oublié et que

[167] Raymond Lulle ou Ramon Llull (1232-1315). Théologien et mystique catalan. Son ouvrage le plus connu est *Le livre de contemplation en Dieu*. Au travers de ce livre, il cherche à montrer qu'il ne peut y avoir qu'une seule vraie religion car l'esprit est en Dieu et son bon usage ne peut mener à l'erreur. S'il existe plusieurs religions, c'est que certaines religions ne font pas un bon usage de la raison. Il interroge le lien entre les vérités de foi et les vérités de raison. Son lien avec Henri Ey se trouve dans l'interrogation du langage qu'ils ont en commun. Si la raison peut commettre des erreurs c'est parce que son outil, le langage n'est pas adapté à la réalité. Les mots ne disent pas ce qui est, ils figent la réalité mouvante. Lulle se place dans la controverse médiévale sur les « universaux » et prend clairement parti. D'une certaine manière, Henri Ey reprend à son compte cette querelle qui, en fait, n'a jamais vraiment cessé. La science est confrontée au problème du langage quand elle veut énoncer les processus de l'univers. Lulle et Ey ont en commun d'avoir proposé un nouveau langage qui tienne compte de la nécessité pour l'esprit de produire des énoncés universaux en même temps qu'ils disent le mouvement.

Descartes évoquait dans son *discours de la méthode* comme le représentant le plus parfait de la scolastique, c'est pour rappeler que ses prises de position sur le langage sont toujours actuelles au travers des réflexions sociologiques avec le problème de la *représentation* ou des *paradigmes,* et au travers de la philosophe du langage et des problèmes épistémologiques. C'est aussi pour montrer que cette perspective était dérangeante comme est la sienne aujourd'hui. Le combat contre la tentation de penser le monde au travers du prisme de notre logique est difficile à gagner. Bref, la *querelle des universaux* reste actuelle. Le parallélisme entre les deux œuvres est assez étonnant et ce n'est certainement pas de manière innocente qu'il s'est placé sous le patronage de Lulle, celui que Descartes a tant critiqué et qui se présente, au bout du compte, comme celui qu'il aurait dû lire pour ne pas tomber dans les impasses dans lesquelles il s'est enferré.

Lulle, mieux que tout autre penseur médiéval a su exprimer le problème du langage dans une œuvre synthétique qui proposait une approche nouvelle du savoir. Il a tenté tout au long de son œuvre de montrer que l'homme ne pouvait pas se penser selon les critères de la logique aristotélicienne. L'homme, écrit-il, ne peut se comprendre que sous la forme d'un système finalisé et hiérarchisé. Son ouvrage majeur et poétique, le *livre de contemplation*[168], explique que par la seule logique binaire nous ne sommes pas en capacité de comprendre ce que signifie *être en être (exister).* Il existe une autre voie que la voie de la logique binaire. Vivre, c'est « *être en joie* », ce n'est pas seulement être comme une présence au monde. « Être en vie » ce n'est pas, non plus, « *être comme maître et possesseur de l'univers* » dominer par la force de notre esprit le monde et

[168] Raymond Lulle, le *livre de contemplation* fut écrit aux environs de 1272, composé de cinq tomes et 366 chapitres.

être en mesure de le comprendre ; « être en vie », s'ouvrir à l'infini des possibilités qui se présentent à chaque instant, c'est être créateur de son propre vécu, c'est donner de la qualité à son monde, c'est l'habiter. Lulle est le philosophe de la responsabilité. Nous sommes responsables de ce que nous sommes car l'homme est ontologiquement créateur de son monde. Le monde peut produire l'enfer par le péché d'*acidie*. Ce concept clé de la pensée lullienne signifie le fait de nous éloigner de nos origines, de nous enfermer sur nous-même. C'est ce que nous faisons en parlant, quand par nos mots nous réifions la vie. L'homme est ouverture, il n'est pas repliement sur soi. Il ne devient homme qu'en se réconciliant avec lui-même dans un processus de rencontre. L'homme est relation.

Pour parvenir à ne pas s'enfermer, l'homme doit libérer sa pensée et cesser de parler dans un langage qui rend le monde statique. Le vivant ne peut pas se laisser enfermer dans les structures d'une conceptualisation qui a pour fonction de définir, donner des définitions qui ont une valeur universelle, parce qu'abstraites. Raymond Lulle propose un nouveau langage adapté au vivant-homme. Ce nouveau langage est vraiment proche de celui d'Ey.

Henri Ey articule son argumentation autour de la thématique de l'*arbre de ciença* ou *arbre de science* qui fait partie de l'œuvre majeure de Lulle. Dans ce livre, Lulle tente de montrer que le savoir est tout autant vivant que la vie elle-même. Il n'y a pas et il ne peut pas y avoir de savoir totalement abstrait de la réalité du monde parce que l'homme est inséré dans le monde dont il est, dans une certaine mesure, responsable. C'est la thèse de la double intention. Il y a une première intention qui est celle de l'organisation logique et il y a une deuxième intention qui est celle de l'intuition du monde. Privilégier l'une sur l'autre, c'est prendre le risque de se détourner du monde et produire l'enfer. C'est l'homme qui est responsable de son propre devenir : il peut se réconcilier avec l'univers, ou il peut s'en séparer. L'homme n'est pas seulement un *animal rationnel*, ce qui en ferait un animal comme les autres, il est d'abord un être d'intention. L'homme est un système ouvert. Sa *parole* est un sixième sens qu'il appelle l'*affatus*. La Parole le fait entrer dans le monde de la représentation et lui permet d'avoir un pouvoir sur lui mais aussi d'avoir le pouvoir de se détourner de son propre devenir. Ce sens n'est pas proprement humain mais chez l'homme, il prend une dimension particulière du fait de sa capacité à parler et à produire de la représentation. L'homme est un être de parole mais cette parole n'a de sens que si elle est en lien avec le monde : « *Je suis en "joie car je suis en être."* »[169]. C'est cette fondation en être qui garantit la véracité de nos propos qui garantit notre connaissance du monde. Le monde n'est pas donné, il est construit dans une vivante dynamique qui est une dialectique entre l'être qui est en nous et la parole qui couronne l'être au monde en en faisant un être agissant. L'homme est avant tout un être agissant, c'est pourquoi Lulle nous dit que le monde est un *procès*, un devenir. Le combat de Lulle est proche du combat d'Ey en ce sens que Lulle tente de montrer au travers de sa combinatoire comment nous avons réifié le monde en en faisant un simple objet mental. Nous avons oublié que l'homme est action et que l'action signifie l'ouverture des possibles : « *Il a vivifié son système métrique pour qu'il devienne l'image d'une cosmologie (certains commentateurs diront d'une astrologie), une architectonie de la réalité que ni Bergson ni Nicolai Hartmann ne désavoueraient.* »[170] Si l'homme a un devenir c'est qu'il est

[169] Raymond Lulle, *Livre de contemplation en Dieu.*
[170] Discours prononcé à l'université de Barcelone, à l'occasion de sa réception en qualité de *Doctor honoris causa*, Cité *in* Henri Ey, *Un*

celui qui doit concilier plusieurs plans en lui et les faire s'harmoniser ce qui n'est possible que dans le devenir qui est la marque de l'homme et s'inscrit dans le monde par sa trace d'action. L'homme est bien *agir*, c'est-à-dire qu'il construit son propre monde, à la manière du *champ* eyien ou de l'ontologie particulière des phénoménologues. De fait, l'homme est en devenir et ce devenir, cet inachèvement permanent, celui qui lui garantit sa liberté, c'est le langage. Si notre parole ignore ce devenir en l'enfermant dans les structures figées du formalisme logique, l'homme disparaît. C'est pourquoi la combinatoire lullienne tente de concilier les deux intentions de manière à toujours inclure l'action dans le champ de la réalité et fait de l'homme non pas un être errant à la surface des choses mais bien un homme d'action qui a sa propre part dans le système de l'univers, le système de la *création,* en produisant son propre système en lien avec les autres systèmes. Il n'y a de parole qu'ancrer dans le monde et la parole ne reste à la surface des choses que parce qu'elle oublie la deuxième intention. Raymond Lulle travaille sur les concepts, l'idée du « *bon* » n'a aucun sens si on ne l'associe pas au « *bonifiant* » et au « *bonifié* ». Un acte n'est pas bon ou mauvais en soi, il est bon car il donne de la valeur : (le « *bonifiant* »*)* produit un « *bonifié* » en s'actualisant, et devient « *bon* ». L'idée de « *bon* » marque seulement l'achèvement d'un acte. Lulle et Ey ont en commun de tenter de concilier les objets mentaux et les processus vitaux. La pensée abstrait en même temps qu'elle implique, c'est sa limite. C'est pourquoi tout savoir sur l'homme doit prendre en considération cet antagonisme. Lulle propose une solution similaire en soumettant à notre approbation le changement de mentalité en introduisant le devenir et l'unité dans notre langage. L'homme est toujours en action, il existera toujours un écart entre l'homme et

---

humaniste catalan dans le siècle et l'histoire, éd. Trabucaire, Perpignan, 1997.

l'univers dont il ne perçoit qu'une perspective en fonction de son ontologie propre.

Ey retrouve sept siècles après les intuitions lulliennes. Si Lulle a été tant désavoué et tant remis en cause, c'est parce qu'il dérange tout comme Ey peut aussi déranger. Henri Ey est conscient de ces difficultés, ne fait-il pas remarquer qu'il est inaudible aux psychiatres tout autant qu'aux philosophes car son propos est soit trop psychiatrique soit trop philosophique ? « *Telle est énoncée tout au moins dans son projet, la dialectique de ce petit ouvrage dont nous nous excuserions par avance auprès des philosophes qu'il soit trop psychiatrique et auprès des psychiatres qu'il soit trop philosophique, si justement son objet, l'"être conscient", n'impliquait pas dans son ontologie et sa problématique fonctionnelle, tout à la fois le sens de sa raison et le contresens de sa folie* »[171]. De fait, ni Lulle ni Ey ne peuvent entrer dans des catégories toutes faites, en ce sens qu'ils ouvrent le champ de théories à venir. Ils ont en commun d'affirmer que l'homme est un objet devenu obsolète comme le rappelait Foucault mais au contraire de lui, l'idée d'homme est à inventer en même temps qu'on invente enfin la science de l'humain et non plus la science de l'homme.

[171] Henri Ey, *La Conscience*, éd. Desclée de Brouwer, Paris, 1983, p. VIII.

Une psychiatrie humaniste[172]

[172] Henri Ey doit être considéré comme un *humaniste.* C'est ce qui caractérise non seulement toute son œuvre mais aussi sa pratique clinique. *Henri Ey, un humaniste catalan dans le siècle et l'histoire*, sous la direction de R.M. Palem, éd. Trabucaire, Perpignan, 1997, reprend cette thématique.

Henri Ey en termine avec la quête d'une représentation de l'homme et lui substitue une représentation dynamique de l'humain dans un nouveau langage qui lui est adéquate. Il substitue la *science de l'humain* à la *science de l'homme.* C'est pourquoi son travail est tout autant éclairant pour la psychiatrie que pour la philosophie. Les représentations véhiculées par la psychiatrie comme par la philosophie sont insuffisantes et mènent à des impasses du fait d'un mauvais outillage mental et conceptuel. La philosophie a commencé sa révolution épistémologique notamment au travers de penseur comme Simondon qui tente de mettre à jour les processus d'*individuation.* Cependant, l'approche demeure limitée car elle aborde le problème par des concepts réifiant de la réalité. La notion d'*individu* est abstrayante. Henri Ey dans sa théorie qui privilégie la relation transforme l'*individu* en *personne.* Il n'y a pas d'individus, il n'y a que des *personnes,* c'est-à-dire des *étant* qui n'existe qu'en se renvoyant l'un à l'autre et dans une relation toujours renouvelée. L'interrelation est le maître mot de l'humanisation, du *devenir humain.* C'est dans l'échange et le partage d'un sens, d'une qualité que se constitue la valeur qui est le propre du phénomène humain. L'homme est celui qui produit du sens et de la qualité dans le monde. La phénoménologie avait aussi perçu cette dimension initiée par Descartes qui n'avait pas pu donner forme à son intuition du fait de son dualisme absolu. La psychiatrie en recentrant la question sur le problème de l'inconscient et de sa réalisation mentale dans l'objet du désir avait approché le processus d'humanisation et compris qu'il ne se réduisait pas à la seule individuation, sans pouvoir concrétiser ce projet. Henri Ey en introduisant la double fondation de l'homme, le processus intentionnel qui informe le monde et en fait le *champ de l'homme* et le processus de transformation de la pulsion en désir et en fait le champ de la conscience singulière, a permis de sortir de l'impasse idéologique.

La philosophie nous a donné une définition de la nature humaine, la psychiatrie eyienne nous a offert l'explication de la *Personne*. Mais l'une et l'autre vont de conserve pour en terminer avec l'illusion de l'illusion du Sujet. Dorénavant, on ne peut plus faire comme s'il n'y avait pas de Sujet. Dès lors, la question de la liberté redevient le sujet central de la science humaine. La psychiatrie eyienne en définissant la maladie mentale comme *pathologie de la liberté* a permis de distinguer entre l'*individuation* et la *personnalisation.* L'homme ne devient homme qu'en se constituant comme sujet de son monde par la subsomption du monde sous les règles et principes de la raison et de l'entendement et comme *personne* en donnant un destin à la pulsion au travers du partage intelligible du désir singulier. C'est le processus de la liberté humaine qui en s'*incarnant* construit dans l'univers le système qualitatif de la liberté humaine. L'homme, en même temps qu'il donne du sens en informant la matière, construit sa subjectivité en donnant un sens singulier au sens commun. Henri Ey est le penseur du nouveau *personnalisme.* La *personne* a du sens, elle est relation, lieu de rencontre, ouverture à soi par les autres, autrui devient le médiateur de la personne vis-à-vis d'elle-même. Henri Ey n'est pas simplement un véritable épistémologue qui a su dépasser les clivages idéologiques en cherchant à comprendre non pas les contenus de pensée mais leur formation, il n'est pas seulement le destinataire de Bachelard, il est aussi le destinataire de Renouvier[173].

---

[173] Charles Renouvier (1815-1903). Sa théorie sur le *personnalisme* est une théorie dogmatique. Il reste un « théologien » dans la mesure où sa démonstration de la valeur humaine part de Dieu. Il n'y aurait donc aucun lien entre Renouvier et Ey car la doctrine eyienne est proprement scientifique et ne fait aucune place à la théologie. Pourtant il se retrouve

Après le travail d'Henri Ey, on ne peut plus définir l'homme comme on le faisait et, à l'instar de M. Foucault, on peut dire que l'homme est une idée obsolète, car l'homme a vécu et le *devenir humain* l'a remplacé. Henri Ey a rencontré le Sujet et la Personne. On ne peut plus dire que le Sujet n'est qu'une simple donnée grammaticale. Le Sujet est un fait.

---

quand ils parlent de la valeur de l'humain et de la personne constituée sur la valeur morale. Le personnalisme de Renouvier s'articule sur la valeur tout comme le personnalisme eyien qui rappelle constamment que l'humain c'est la capacité à donner un système de valeur. Mais la conception eyienne renouvelle l'idée de Personne.

Qu'est-ce que l'homme ? On ne peut plus poser cette question, il faut lui substituer cette autre question : que signifie le *devenir humain* ? Henri Ey propose une définition dynamique qui prend en considération non seulement le travail intentionnel sur la matière mais encore le travail sur la pulsion. Dans cette double relation au monde extérieur et au monde intérieur, il devient possible à la fois de comprendre le monde comme *monde-pour-l'homme* et *monde-pour-soi*. Cette perspective ouvre notre compréhension des processus qui permettent de saisir que l'homme correspond au moment où la singularité devient le sujet de son monde et une *Personne*.

BIBLIOGRAPHIE D'HENRI EY[174]

1926 : **Glycémie et maladie mentale**. Thèse de médecine, Paris.

1932 : La notion d'automatismes en psychiatrie. Éd. Évolution psychiatrique.

1934 : **Position actuelle des problèmes de démence précoce et des États psychiatriques.** Éd. Évolution psychiatrique.

1935 : **La notion de « psychopathologie » dans ses rapports avec les problèmes mystiques.** Éd. Vie spirituelle, juin.

1936 : **Études cliniques et considérations nosographiques sur la démence précoce.** Avec Mme Bonnafous-Sérieux, Éd. Ann. Méd.

Les problèmes physiopathologiques de l'activité hallucinatoire. Éd. Évolution psychiatrique.

Essai d'application des principes de Jackson à une conception dynamique de la neuropsychiatrie. Avec Julien Rouart, préface d'Henri Claude, Éd. Encéphale.

1939 : **Réflexions sur la valeur scientifique et morale de la psychanalyse.** (À propos de la thèse de Roland Dalbiez), Éd. Encéphale.

Esquirol et le problème des hallucinations. Éd. Évolution psychiatrique.

1940 : **La psychopathologie de Pierre Janet et la conception dynamique de la psychiatrie.** Paris, éditions d'Artey.

1943 : **Esquisse du plan de l'histoire naturelle de la folie.** Notes recueillies pendant les journées de Bonneval des 15 et 16 août 1942 par Jacques Delmont, texte hors commerce, imprimerie La Roche-sur-Yon.

---

[174] Cette bibliographie a été élaborée à partir des travaux de J. Grignon (1977-1999), révisée et mise à jour par Belzeaux (1998) et R. M. Palem (1998) à partir des travaux de J. Garrabé (1997) et leurs propres recherches sur la bibliothèque et les archives d'Henri Ey à Banyuls-dels-Aspres.

Une conception organo-dynamique de la psychiatrie. Éd. Ann. Méd. Psychol.

1946 : **Des principes de H. Jackson à la psychiatrie d'Eugène Bleuler**. Congrès des aliénistes et neurologistes – Genève et Lausanne, 23-27 juillet.

1947 : **Les rapports de la neurologie et de la psychiatrie**. Colloque de Bonneval 1943 avec J. d'Ajuriaguerra et H. Hecaen. Paris, Éd. Hermann.

La psychopathologie de J. Moreau (de Tours). Avec Hubert Mignot Ann. Méd.

Système nerveux et troubles nerveux. Éd. Évolution psychiatrique.

Les théories réflexologiques de J. P. Pavlov et la psychiatrie. Éd. Évolution psychiatrique.

Théorie de l'identité du rêve et de la pensée délirante. Éd. Ann. Méd. Psychol.

1948 : **Ensueno y psychosis.** Lima, Editoria Medica Peruanan S.A.

Études psychiatriques, tome I.

Psychopathologie générale. Paris, Éd. Desclée de Brouwer.

La psychiatrie devant le surréalisme. Éd. Évolution psychiatrique.

1950 : **Études psychiatriques**. Tome I, Éd. Desclée de Brouwer.

Psychopathologie des délires. (Discussion des rapports au 1er Congrès mondial de Psychiatrie) avec Abely, Baruk, Minkowski, Rouart, Tosquelles, Éd. Évolution psychiatrique.

Estudios sobre los delirios. Madrid, Editorial Paz Montalvo.

Le problème de la psychogenèse des névroses et des psychoses. (Colloque de Bonneval 1946, avec Bonnafé, Follin, Lacan, Rouart), Éd. Desclée de Brouwer.

1951 : L'évolution de la médecine et de la philosophie. Éd.

Dialectica.

1952 : « **Le normal et le pathologique** ». In *Où commence la maladie ?*, Éd. Convergences (Groupe lyonnais d'études), Paris, Spes.

1953 : L'évolution des schizophrénies (les rémissions spontanées et les critères évolutifs d'après les données statistiques). Avec P. Barrès et J. Maboucarié, Éd. Évolution psychiatrique.

Névroses et psychoses. Acta psychothér. Psychosom. separatum vol.

1954 : **Études psychiatriques.** Tome II, Paris, Desclée de Brouwer.

1955 : **L'Encyclopédie médico-chirurgicale psychiatrie**.

La psychiatrie dans le cadre des sciences médicales. EMC.

Deuxième état de la psychiatrie : la psychiatrie psycho-sociogénique et Névroses d'organes. EMC.

Mouvements doctrinaux de la psychiatrie contemporaine. EMC.

Médecine psychosomatique et Névroses d'Organes. EMC.

Méthodes et techniques thérapeutiques en psychiatrie. EMC.

Psychoses délirantes aigües. EMC.

Groupe des psychoses schizophréniques et des psychoses délirantes chroniques. Éd. Les empêcheurs de penser en rond/synthélabo.

Études cliniques et Psychopathologies sur la schizophrénie.

1956 : **La psychiatrie science fondamentale de l'homme.** Éd. Esprit.

Ce que la psychiatrie doit à la psychanalyse. Études philosophiques.

1958 : **Les problèmes cliniques des schizophrénies**. Éd. Évolution psychiatrique.

Hérédité et névroses. Avec Etiennette Henric, Éd. Évolution psychiatrique.

1960 : **« Le centre de traitement et de réadaptation sociale de l'hôpital psychiatrique de Bonneval ».** In *Notes et documents*, numéro spécial de la revue de la F.N.O.S.S.

Manuel de psychiatrie. Avec P. Bernard et Ch. Brisser, Paris, Éd. Masson.

1961 : **Les théories psychiatriques**. 3e congrès mondial de psychiatrie (Montréal).

L'impossibilité radicale d'une psychogenèse des expériences délirantes et hallucinatoires primaires. Interprétation.

1963 : **Esquisse d'une conception organo-dynamique de la structure, de la nosographie et de l'étiopathogénie des maladies mentales.** Psychiatrie der gegenwarts, Berlin, éd. Springer-Verlag.

La conscience. Paris, PUF.

1964: **La psychiatrie animale**. Avec A. Brion et coll. Paris, Éd. Desclée de Brouwer.

1966 : **L'Inconscient.** (Colloque de Bonneval, 1960), Paris, Éd. Desclée de Brouwer.

Le rapport au IVe congrès mondial de psychiatrie de Madrid. Experta Medica Fondation.

Les 3 tomes du livre blanc de la psychiatrie française. Éd. Évolution psychiatrique.

Le plan d'organisation du champ de la psychiatrie. Toulouse, Éd. Privat.

Le devenir conscient et le langage. Éd. Évolution psychiatrique.

Folie et monde moderne. Éd. Évolution psychiatrique.

1969: **Disorders of consciousness in psychiatry.** Handbook of clinical neurology, North Holland publishing company, Amsterdam.

“Conscience”. In *Encyclopedia Universalis*.

Psychiatry and Philosophy. Avec Erwin W. Strauss et Maurice Natanson – Berin – Springer – Verlag.

L.S.D. et expériences psychédéliques. Évolution psychiatrique.

1970 : « Discours du Président de la 68e session du Congrès de Psychiatrie et de neurologie de langue française à Milan ». Reproduit en 1971 in *Évolution psychiatrique* et en 1972 dans *L'Information Psychiatrique*.

La dissolution de la conscience dans le sommeil et le rêve et ses rapports avec la psychopathologie. (Esquisse d'une théorie de la relativité généralisée de la désorganisation des diverses maladies mentales). Rapport du congrès mondial de Madrid. Éd. Évolution psychiatrique.

Mouvement psychanalytique. Médecine et psychanalyse.

1971 : La conception idéologique de l'Histoire de la folie de Michel Foucault. Éd. Évolution psychiatrique.

Pirandello, les personnages et la réalité. (Ou le Moi n'est pas l'Autre). Éd. Évolution psychiatrique et Information psychiatrique.

1972 : L'antipsychiatrie ou les progrès de la science psychiatrique. Éd. Évolution psychiatrique.

À propos du numéro de la Nef sur l'antipsychiatrie. (L'embarquement des psychiatres sur la nef des fous). E.P.

1973 : Traité des hallucinations. 2 tomes, Paris, Masson.

1974 : L'antipsychiatrie. EMC.

La notion de « réaction » en psychopathologie. Confrontation psy.

1975 : La psychose et les psychotiques. Éd. Évolution psychiatrique.

Des idées de Jackson à un modèle organo-dynamique en Psychiatrie. Toulouse, Coll. Radamanthe. Privat. Rééd. L'Harmattan.

Psychophysiologie du sommeil et psychiatrie. Avec G. C. Lairy, M. De Barros-Ferreira et L. Goldsteins, Paris, Masson.

1976 : **La thérapeutique psychiatrique.** EMC Psychiatrie.

1977 : **La notion de schizophrénie** (Séminaire de Thuir, 1975). Éd. D.D.B.

Défense et illustration de la psychiatrie. Paris, Masson.

Psychiatrie et criminologie : « punir ou guérir ? ». L'Information psy.

La naissance de la psychiatrie. Actualités psychiatriques.

1978 : **La notion de « Maladie mentale » et de « traitement moral » dans la psychiatrie française et allemande du début du XIXe siècle.** (Les péripéties d'une contradiction in adjecto). Perspective psychiatrique.

Le problème de l'Inconscient. Rapport au symposium de Tbilissi. (Géorgie. URSS) mai 1978, Tome I des Actes.

1981 : **Naissance de la médecine.** Paris, Masson.

BIBLIOGRAPHIE

Alquié F., *Œuvres philosophiques de Descartes*, Paris, Garnier, 1967, 3 vol.

Aristote, *Métaphysique*, livre G, *Physique.*

Bachelard G., *La formation de l'esprit scientifique*, Paris, Vrin, 1938.

Bertalanffy, *Théorie des systèmes*, Paris, Dunot, 1977.

Bergson H., *Œuvres*, édition du Centenaire, Paris, PUF, 1963.

Bernet R., *L'inconscient entre représentation et pulsion*, Philosophie n° 50, Paris, PUF, 1996.

Binswanger L., *Mélancolie et manie*, Paris, PUF, 1987.

Bouveresse J., *Le mythe de l'intériorité*, « Expérience, signification et langue privée chez Wittgenstein », Paris, minuit, 1987.

Buytendijk J. J., *Psychologie des animaux*, Paris, Payot, 1928.

Cabanis G., *Rapports du physique et du moral.* Bibliothèque du Corpus général des philosophes, Paris, PUF, 1956.

Canguilhem G., « Qu'est-ce que la psychologie ? » (1956), *Revue de métaphysique et de morale*, 1958, 1, p. 1-15.

Changeux J. P., *L'homme neuronal.* Matière à penser, Paris, Fayard, 1983.

Churchland P. S., *Neurophilosophy*, MIT, Bradford Books, 1986.

Denett D. C., *La conscience expliquée*, Paris, Odile Jacob, 1993.

Depraz N., « Transcendance et incarnation », *Le statut de l'intersubjectivité comme altérité à soi*, Paris, Vrin, 1995.

Lucidité du corps. De l'empirisme transcendantal en phénoménologie, Dorrecht, Kluwer, 2001a.

Descartes R., *Œuvres philosophiques*, Paris, Gallimard, coll. La Pléiade, 1987.

Dupuy J. P., *Aux origines des sciences cognitives*, Paris, La Découverte, 1994.

Ellenberger H. F., *Histoire de la découverte de l'inconscient*, Paris, Fayard, 1994.

Engel P., *Introduction à la philosophie de l'esprit*, Paris, La Découverte, 1994.

Ey H., *La conscience* (1963), Paris, Desclée de Brouwer, 1983.

Traité des hallucinations, Paris, Masson, 1973.

Études psychiatriques, Perpignan, CREHEY, 2006.

Le problème de la phylogenèse des névroses et des psychoses, Paris, Desclée de Brouwer, coll. Bibliothèque des neurosciences, 1977.

L'Inconscient, colloque de Bonneval. Paris, Desclée de Brouwer, coll. Bibliothèque des neurosciences, 1977.

Des idées de Jackson à un modèle organo-dynamique en psychiatrie, Paris, L'Harmattan, 1997.

« Commentaire critique sur l'histoire de la folie de Michel Foucault », in *Évolution psychiatrique*, avril/juin 1971.

Foucault M., *Histoire de la folie à l'âge classique*, Paris, U.G.E, coll. « 10/18 », 1964.

Les mots et les choses, une archéologie des sciences humaines, Paris, Gallimard, coll. « Bibliothèque des sciences humaines », 1966.

Freud S., *Leçons d'introduction à la psychanalyse* (1916), Paris, Payot, 1970.

Essais de psychanalyse (1927), Paris, PUF, 1980.

Gardner H., « Histoire de la révolution cognitive », *La nouvelle science de l'esprit (1985)*, Paris, Payot, 1993.

Guéroult M., *Descartes selon l'ordre des raisons*, Paris, Aubier, 1953, vol. I.

Gurwitsch A., *Théorie du champ de conscience* (1947), Paris, Desclée de Brouwer, 1957.

Hartmann N., *Principe d'une métaphysique de la connaissance*, Paris, Aubier, 1946.

Heidegger M., *Être et temps* (1927), Paris, Authentica, 1985.

Henry M., *La généalogie de la psychanalyse,* Paris, PUF, 1985.

Incarnation. Une philosophie de la chair, Paris, Seuil, 2000.

Hegel F. W., *Phénoménologie de l'esprit* (1807), Paris, Aubier, 1991.

Husserl E., *Idées directrices pour une phénoménologie pure et une philosophie phénoménologique*, Paris, Gallimard, coll. NRF, 2018.

La crise de l'humanité européenne et la philosophie, Paris,

Hatier, coll. Profil, 1997.

La philosophie comme science rigoureuse, Paris, PUF, 1998.

Méditations cartésiennes, Paris, Vrin, 2000.

Jung C. G., *Dialectique du moi et de l'inconscient*, Paris, Gallimard, 1964.

Kant E., *Critique de la raison pure*, Œuvres philosophiques, tome 1, Paris, Gallimard, 1980.

Critique de la raison pratique, Œuvres philosophiques, tome II, Paris, Gallimard, 1985.

Lacan J., *L'éthique de la psychanalyse* (séminaire VII), Paris, Seuil, 1973.

Lavelle L., *La puissance du Moi*, Paris, Flammarion, 1948.

Leibniz G. W., *Nouveaux essais sur l'entendement humain*, Paris, Garnier-Flammarion, 1966.

Lévinas E., *En découvrant l'existence avec Husserl et Heidegger*, Paris, Vrin, 1988.

Totalité et infini, Den Haag, M. Nijhoff, 1974.

Locke J., *Essai philosophique concernant l'entendement humain* (1690), Paris, Vrin, 1972.

Identité et différence. L'invention de la conscience, présenté, traduit et commenté par E. **Balibar**. Seuil, coll. Essais, 1998.

Marcel G., *Être et avoir*, Paris, Aubier, 1935.

Marion J. L., *Sur l'ontologie grise de Descartes*, Paris, Vrin, 1979.

Merleau-Ponty M., *Œuvres*, Paris, Gallimard quarto,

2010.

Ricoeur P., *Philosophie de la volonté 1*, Paris, Aubier, 1988.

Soi-même comme un autre, Paris, Seuil, 1990.

Sartre J. P., *La transcendance de l'Ego*, Paris, Vrin, 1988.

L'être et le néant, Paris, Gallimard, 1945.

Searle, *La redécouverte de l'esprit*, Paris, Gallimard, 1995.

Spinoza B., *L'éthique*, Paris, Seuil, 1988.

Tatossian A., *La phénoménologie des psychoses* (1979), Paris, L'art de comprendre, 1997.

Psychiatrie et phénoménologie, Paris, Acanthe, 1997.

Varela F. J., *Invitation aux sciences cognitives*, Paris, Seuil, 1996.

Von Uexküll J., *Mondes animaux et monde humain* (1934), Paris, De Noël, 1956.

Association pour la fondation Henri Ey

Les Cahiers Henri Ey

Cahier semestriel de l'APFHEY, chaque cahier présente un thème et un texte inédit d'Henri Ey.

Chazaud J., Bonnafé L., *La folie au naturel 1er colloque de Bonneval,* Paris, L'Harmattan, 1978.

Garrabé J., *Henri Ey et la pensée psychiatrique contemporaine* – Les empêcheurs de penser en rond, 1997.

Palem R. M., *Henri Ey psychiatre et philosophe,* Paris, Éditions Rive Droite, 1997.
Henri Ey, un humaniste catalan dans le siècle et dans l'histoire, Perpignan, Éditions Trabucaire, 1997.
Organo-dynamisme et cognitivisme, Paris, L'Harmattan, 2006.
La modernité d'Henri Ey, Paris, Desclée de Brouwer, 1997.
Henri Ey et la philosophie, Paris, L'Harmattan 2013.

Prats Philippe, *Une psychiatrie philosophique*, l'organo-dynamisme comme anthropologie. Paris, L'Harmattan, 2001.

TABLE DES MATIERES

L'HARMATTAN ITALIA
Via Degli Artisti 15; 10124 Torino
harmattan.italia@gmail.com

L'HARMATTAN HONGRIE
Könyvesbolt ; Kossuth L. u. 14-16
1053 Budapest

L'HARMATTAN KINSHASA
185, avenue Nyangwe
Commune de Lingwala
Kinshasa, R.D. Congo
(00243) 998697603 ou (00243) 999229662

L'HARMATTAN CONGO
67, av. E. P. Lumumba
Bât. – Congo Pharmacie (Bib. Nat.)
BP2874 Brazzaville
harmattan.congo@yahoo.fr

L'HARMATTAN GUINÉE
Almamya Rue KA 028, en face
du restaurant Le Cèdre
OKB agency BP 3470 Conakry
(00224) 657 20 85 08 / 664 28 91 96
harmattanguinee@yahoo.fr

L'HARMATTAN MALI
Rue 73, Porte 536, Niamakoro,
Cité Unicef, Bamako
Tél. 00 (223) 20205724 / +(223) 76378082
poudiougopaul@yahoo.fr
pp.harmattan@gmail.com

L'HARMATTAN CAMEROUN
TSINGA/FECAFOOT
BP 11486 Yaoundé
699198028/675441949
harmattancam@yahoo.com

L'HARMATTAN CÔTE D'IVOIRE
Résidence Karl / cité des arts
Abidjan-Cocody 03 BP 1588 Abidjan 03
(00225) 05 77 87 31
etien_nda@yahoo.fr

L'HARMATTAN BURKINA
Penou Achille Some
Ouagadougou
(+226) 70 26 88 27

L'HARMATTAN SÉNÉGAL
10 VDN en face Mermoz, après le pont de Fann
BP 45034 Dakar Fann
33 825 98 58 / 33 860 9858
senharmattan@gmail.com / senlibraire@gmail.com
www.harmattansenegal.com

www.ingramcontent.com/pod-product-compliance
Lightning Source LLC
LaVergne TN
LVHW011308061026
849535LV00005B/1455
9782343163956